한 권에 담은 경이로운 우주의 역사

빅뱅부터 대동결까지

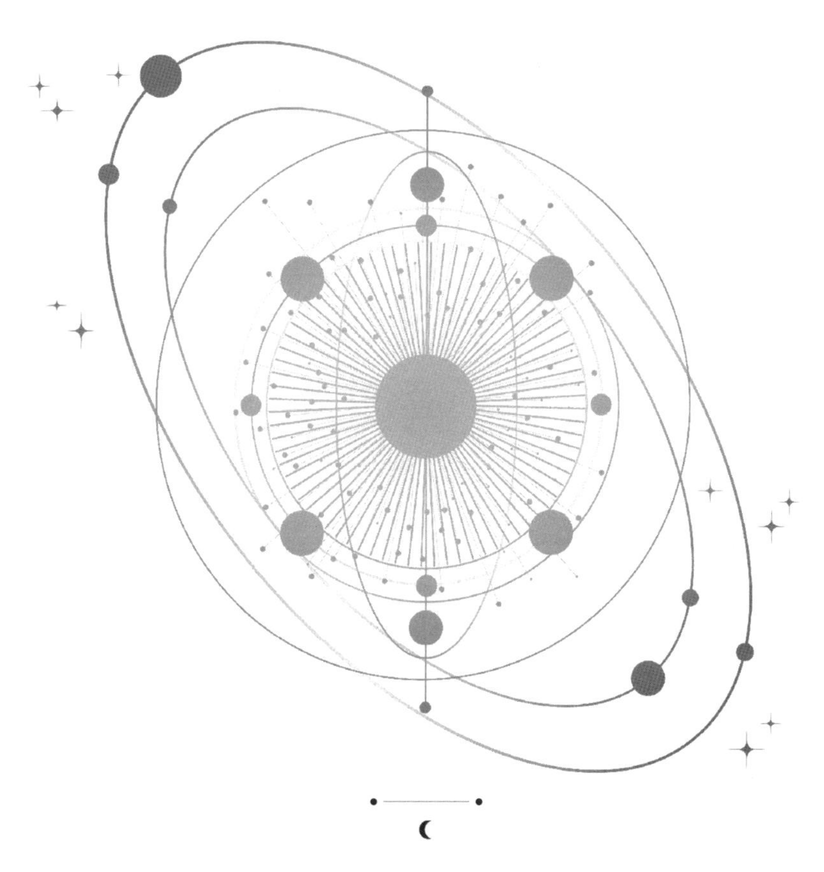

자크 폴 + 장뤽 로베르 에질 지음
김희라 옮김 · 김용기 감수

북스힐

서문

보잘것없는 인간인 우리는 너무나 거대한 요람 안에서 길을 잃은 젖먹이와 같다. 아이는 자신의 작은 세상 끝에라도 가 닿고자 침상 모서리에 움츠려 잠들 것이다. 이 아이처럼 우리는 끊임없이 우주의 가장자리를 스치기만 할 뿐이다. 그러므로 천문학은 하나의 학문 이상의 것이다. 천문학은 우리의 본질까지 포함하는 모든 것의 기원인 우주와 우리의 유전적 연결고리 역할을 한다. 먼 훗날 태양이 너무 뜨거워 우리의 작은 지구가 더 이상 살 만한 곳이 아니게 될 때 우리는 다시 우주로 뛰어들지도 모른다.

우리 자신과 세계에 관해 알게 된 우리는 하늘로 시선을 돌렸다. 벌써 60년 전 소련의 젊은 공군 조종사가 초보적 우주선을 타고 우주에 도달했을 때 이카로스의 오랜 꿈은 현실이 되었다. 그러나 하늘에 더 가까이 다가가는 것은 천문학의 일이다. 이를 위해 전자 눈들이 놀라운 감각을 동원해 하늘을 탐색하고 있으며 그 결과 프랑스의 작가이자 과학자 베르나르 르 보비에 드 퐁트넬(Bernard Le Bovier de Fontenelle)의 말처럼 우주는 마치 '오페라 같은 거대한 쇼'가 되었다.

이 비할 바 없는 유산을 알리고자 하는 기꺼운 마음으로 우리는 『한 권에 담은 경이로운 우주의 역사-빅뱅부터 대동결까지』를 집필하게 되었다. 그러나 이뿐만은 아니다. 하늘이 우리에게 선사하는 이 견줄 데 없는 광경에 대해 우리와 똑같이 매료되고 우리와 같은 열정을 가진 모든 여성과 남성을 기리고자 하는 마음도 크다. 이 예지자들 덕에 우리는 무대 뒤에서 작동하는 데우스 엑스 마키나(Deus ex machina)를 알아채게 되었다.

우리가 설명한 일부 사건들은 우주의 태초 혹은 우주의 가능한 종말기에 펼쳐지는 사건처럼 보편적 성격을 띠고 있다. 그리고 일부는 우리 별의 생성에서 예정된 종말까지 포함하는 사건으로 태양계에 속한 우리의 특수 상황에 관련된 것이다. 결국 많은 사건을 지극히 간략한 시간대로 기록했는데 이 역사 중에서도 지난 4세기 동안은 굵직한 사건들이 점점 더 빠른 속도로 이어지고 있다.

그런데 자기 확신과 오만에 빠진 우리 유럽 사회는 17세기 말이 되어서야 점성술과 천문학의 차이에 관한 합의에 이르렀으며 우주가 무한할 수도 있고 게다가 그 안에 우리 세계와 비슷한 세계가 무한히 존재할 수 있음을 인정하기 시작했다. 더 믿기 힘든 사실은 19세기 학자 대다수가 우리은하인 은하수를 우주 전체로 여겼다는 점이다. 1990년대의 우리는 우주의 가속 팽창과 그 원인으로 생각되는 암흑에너지에 관해 전혀 알지 못했다. 그러나 오늘날의 과학자 모두는 여전히 신비로운 이 암흑에너지가 우주 에너지의 4분의 3을 차지한다는 것을 안다.

우리의 과학적 혹은 역사적 사건 선택에 관하여 한 말씀 드린다. 어떤 것은 '총의'로 합의된 바를 반영해 선택되었다. 한편으로 우리는 종종 우열을 가릴 수 없는 여러 해석 또는 가설 중 어떤 것을 지지하여 선택할 수밖에 없었다.

감사의 말

빈틈없이 우리를 지지해주고 늘 타당한 제안을 해준 안느 퐁퐁(Anne Pompon)에게 특별한 감사를 전하고 싶다. 원고를 세심히 교정해준 사라 포르베이(Sarah Forveille)에게도 진심으로 감사드린다.

목 차

4부 현재의 우주

5부____ 발견의 시간

6부___ 미래의 우주

PART 1

역사의 시작

•

천체물리학자들은 우주 전체를 비롯해 하늘에 관한 것들을 물리학 법칙에 지배되는 시스템으로 연구한다. 1920년대가 되자 학자들은 19세기 유물론 철학자들이 지지했던 영원불변의 우주라는 안이한 사고와 결별하고 여러 문화권의 오래된 우주 생성 신화에 다시금 귀를 기울인다. 그리고 우주는 어떤 특별한 사건을 통해 갑자기 탄생했다는 생각에 주목하기 시작한다. 이제 과학계는 명백한 관측 결과에 근거해 우주의 탄생이라는 사건이 138억 년 전에 일어났고 우주론의 표준모형으로 잘 설명되는 단계별 진화 과정을 따르고 있음에 이견이 없다.

이쯤에서 우리는 '관측 가능한 우주' 다시 말해 가시적 우주라는 개념을 도입해야 한다. 이제 우리는 하나의 구(球)를 상정해야 한다. 그 중심에는 지구가 있고 그 경계인 우주 지평선에서 오는 어떠한 신호도 우리에게 도달할 수 없다. 우주 팽창을 고려한 우주론의 표준모형에 따르면 오늘날 우주 지평선은 대략 450억 광년 거리에 있다.

그러므로 우주의 관측 불가능한 부분을 연구하는 것은 가능하지 않다. 그러나 초거시적 차원의 우주론에 근거하면 우주는 어느 방향에서 보더라도 비슷한 모습이고 우주 지평선 너머의 영역은 아마도 관측 가능한 우주의 모습과 비슷할 것이다.

이 표준모형은 측정 가능한 과거에 우주가 창조되었다는 생각을 보여줌으로써 합리적 지성을 고민에 빠뜨릴 논쟁거리가 된다. 가장 곤혹스러운 논제 중 하나는 우리 우주가 진화하여 결국 지능을 가진 생명체가 출현할 수 있도록 미리 물리 상수들이 완벽히 조정된 것 아니냐는 것이다.

태초의 사건들은 지극히 오래전에 일어났고 아주 짧은 기간(38만 년)에 걸쳐 계속되었다. 따라서 평범한 역법에 따른 연대표기로는 각 사건의 연대를 분간하기가 어렵다. 이런 이유로 우리는 각 사건의 연대 표기를 우주 팽창의 시작 이후 진행 순서에 따르도록 했다.

다중우주

빅뱅 이전

다중우주란 각기 고유의 법칙을 가진 가능한 모든 우주의 가설적 총체이다. 우리 우주는 생명체의 탄생을 촉진하는 기본상수들의 작용과 함께 발전해왔다.

●

1895년 미국의 철학자 윌리엄 제임스(William James)가 내놓은 '다중우주(multiverse)'라는 용어는 완전히 다른 맥락의 것이었다. 이 용어가 지금의 뜻으로 처음 등장한 것은 1963년 영국의 공상 과학 작가 마이클 무어콕(Michael Moorcock)의 소설 속이다. 2003년 스웨덴 출생의 미국 우주론 학자 맥스 테그마크(Max Tegmark)는 다중우주를 여러 타입으로 분류한다. 제1레벨 다중우주는 일반 상대성이론에 근거한 것으로 우주의 크기는 관측 가능한 우주, 즉 반지름이 대략 450억 광년인 구의 크기보다 훨씬 더 광대할 것으로 가정하고 있다. 다른 우주들이 우주 지평선 너머에 무수히 많이 존재할지도 모른다. 우주가 무한하다면 물질의 분포 측면에서 우리 우주와 다른 우주가 무한히 존재할 수 있으나 그것들은 모두 같은 물리 법칙과 같은 기본상수를 가질 것이다.

또 다른 정통 이론인 양자역학에서도 다중우주 개념이 전파되고 있다. 미국의 물리학자 휴 에버렛(Hugh Everett)의 해석에 따르면 어떤 관측의 결과들이 완벽히 예측될 수는 없지만 특정 확률을 가진 결과들의 가능성의 폭은 존재한다. 에버렛은 이 각각의 가능성이 하나의 우주와 일치한다고 말한다. 6면을 가진 주사위 던지기의 결과가 주어진 하나의 양자 상태와 일치한다고 가정하면, 투척 결과에 따라 주사위가 만들어낼 수 있는 6가지 위치는 6개의 서로 다른 우주와 일치한다.

혼돈의 인플레이션(chaotic inflation) 이론은 우주 전체가 늘어난다고 가정한다. 부풀어 오르는 빵 덩어리 속의 기포처럼 우주도 기포 속에서 만들어지는데 이 기포 공간은 모두 에버렛의 분류 중 첫 번째 형태 다중우주의 배아가 된다. 서로 다른 자발 대칭 깨짐(spontaneous symmetry breaking) 이후 어떤 우주들은 다른 물리 상수를 갖게 된다. 검증할 수 없는 이러한 사고 실험은 엄밀히 말하면 과학적 방법에서 벗어나 있다. 하지만 그 덕분에 물리학의 가장 끈질긴 문제 중 하나인, 우리 우주가 진화를 거쳐 결국 지능을 가진 생명체가 나타나도록 하는 최적의 기본상수들을 가진 이유가 무엇인가 하는 문제를 우아하게 해결할 수 있다. 우주의 탄생이 다중우주의 흔한 사건이라면 우리가 있는 다중우주가 생각하는 존재를 출현토록 하는 물리 상수를 가졌음을 알게 되더라도 전혀 놀랍지 않을 것이다.

참조항목

26쪽 급팽창 | 팽창 시작 10^{-35}초 후
67쪽 우주와 우주상수 | 97억 년 전
116쪽 천연 원자로 | 20억 년 전

다중우주 개념의 디지털 상상도. 어떤 물리학자들에게 이 디지털 개념도는 거품 모양으로 나타나는 데 이 거품의 각 기포는 형성 중인 하나의 우주일 것이다. 하나의 기포는 에너지 변화에 따라 팽창 단계를 겪어 결국 자신에게 적합한 모습을 가진 우주가 된다.

빅뱅

팽창의 시작

아인슈타인의 일반상대성이론 덕분에 우주는 처음에 밀도가 아주 높고 뜨거웠다는 일반 모형이 수립될 수 있었다. 빅뱅은 과학계가 거의 만장일치로 수용한 이론이다.

●

물리적 계로서의 우주를 모형화하기 위해 천체물리학자들은 알베르트 아인슈타인(Albert Einstein)이 1915년에 제시한 일반상대성이론에 의지한다. 러시아의 물리학자이자 수학자 알렉산더 프리드만(Alexander Fridman)이 1922년 이 이론을 접했을 때 그는 이 이론 덕분에 우주 전체의 구조에 관한 연구가 가능해질 것이라고 어렴풋이 예상한다. 그는 1922년과 1924년에 태초의 특이점을 포함하는 시간 속에서의 우주의 진화를 설명한다. 1927년 같은 결론에 도달한 벨기에의 사제이자 천문학자, 물리학자인 조르주 르메트르(Georges Lemaître)는 1929년 미국의 천문학자 에드윈 허블(Edwin Hubble)이 발견한 나선 성운의 후퇴는 우주 팽창의 결과라고 말한다.

우주의 팽창에는 시작이 있다. 이것을 설명하고자 1930년대에 르메트르는 물질과 시공간은 유일한 원시 '원자'에서 태어난다고 생각한다. 이 원시 원자는 오늘날 그 유명한 빅뱅(Big Bang)이론을 예고하는 모형이다. 빅뱅이론이라는 용어를 처음 사용한 사람은 영국의 천문학자 프레드 호일(Fred Hoyle)로 1949년 3월 24일 BBC 라디오 프로그램 <사물의 성질(The Nature of Things)>에서였다. 시작도 끝도 없는 정지 상태의 우주를 지지하던 그는 천문학 용어 사전의 '스타' 용어를 만들어 내며 경쟁 이론을 조롱한다. 그러나 빅뱅이란 표현은 적절하지 않다. 빅뱅이 물질을 사방으로 분출시켜 그전에 텅 비어있던 우주를 채운 것이 아니기 때문이다. 우주공간 자체가 시간이 흐르며 팽창되고 그 결과 천체 간 거리가 멀어진 것이다.

빅뱅은 이제 모두가 인정하는 이론이다. 이것이 3개의 개별적 관측 결과를 명백히 설명해내기 때문이다.

- 멀리 있는 은하일수록 더 빠른 속도로 관찰자에게서 멀어지는 것처럼 보인다. 그러므로 초기 우주는 고밀도 고온 상태라는 뜻이다. 이는 압축하면 뜨거워지는 가스와 비슷하다.
- 우주 어디에나 헬륨이 같은 비율(헬륨의 원자 수로 8 %)로 존재한다. 그러므로 우주는 헬륨 합성이 가능할 정도로 밀도와 온도가 충분히 높았던 단계를 지나온 것이다.
- 마이크로파 대역에서 감지된 우주배경복사는 우주의 탄생 초기인 고밀도 고온 시기의 증거이다.

이 3개의 핵심 근거에 기초한 빅뱅이론은 다음 2가지 가정을 포함한다. 하나는 물리 법칙의 보편성이고 다른 하나는 초거시적 차원에서 우주는 등방성(우주에는 중심이 없음)과 균질성(우주 어디에서나 밀도가 같음)을 가진다는 점이다.

참조항목

35쪽 **헬륨 생성** | 팽창 시작 3분 후
39쪽 **우주가 투명해지다** | 팽창 시작 38만 년 후

밤하늘은 왜 어두울까?

팽창의 시작

올베르스의 역설은 이렇게 묻는다. 시공간적으로 무한하고 균질한 우주에서 각 조준선은 별 하나와 만나게 되는데 밤하늘은 도대체 왜 어두울까?

•

'고정된' 별이 가상의 구에 묶여있지 않고 훨씬 광활하고 무한한 우주에 퍼져 있다고 가정하며 아리스토텔레스 모형을 무너뜨린 르네상스 시대 천문학자들은 여러 세기 동안 풀리지 않을 어떤 모순과 마주한다. 별이 무한히 존재함을 인정한다면 시선을 어디로 향하든 빛나는 점 하나와 만나게 될 것이다. 따라서 천구의 밝기는 별 표면의 밝기와 같아져서 태양만큼 밝게 빛나야 할 것이다! 하지만 밤하늘은 어둡다.

독일 뷔르템베르크 출신의 저명한 천문학자 요하네스 케플러(Johannes Kepler)는 이 역설을 강조한 최초의 학자 중 하나이다. 그는 이 역설을 근거로 이탈리아 출신 성 도미니크회 수도사 조르다노 브루노(Giordano Bruno)의 무한 우주 개념을 반박한다. 브루노는 우주에는 중심도 주변도 없다며 무한 우주의 타당성을 주장한 바 있다. 18세기 학계는 무한한 것들을 조롱하지만 스위스의 수학자 장 필립 루아 드 셰조(Jean-Philippe Loys de Chéseaux)는 무한한 별들이 빛나고 있을 것으로 생각되는 우주에 관해 최초로 신뢰할 만한 분석을 보여준다. 독일의 의사 하인리히 올베르스(Heinrich Olbers)는 1826년 이 문제를 보다 알기 쉽게 정리하는데 조준선 개념에 근거해 다시금 똑같은 역설에 도달한다. 도대체 밤하늘은 왜 어두울까?

20년 후 미국의 작가이자 시인이며 미국 낭만주의의 거장 에드거 포(Edgar Poe)는 긴 산문시 「유레카(Eureka)」를 발표하여 우주론적 견해를 드러낸다. 1848년 발표된 이 시에서 포는 최초로 올베르스 역설에 대한 그럴듯한 해법을 내놓는다. 그는 우주의 나이는 유한하며 1676년부터 확증된 바 있는 빛은 유한한 속도로 전달된다는 점을 고려한다. 포는 우주의 크기가 무한하다 하더라도 지구에서 관측 가능한 별의 수는 유한할 수밖에 없다고 말한다. 관측 가능한 별의 수는 지극히 적으므로 지구에서 출발한 어떤 조준선이 그 별 중 하나에 도달할 가능성은 아주 희박할 것이다.

빅뱅이론 역시 우주가 과거의 한 시점에 시작되었음을 주장하면서 올베르스의 역설(Olber's Paradox)에 대해 같은 식의 해법을 제시한다. 그러나 빅뱅이론은 다음과 같은 꽤 놀라운 사실도 알려준다. 우주는 아주 뜨거운 상태에서 시작되어 팽창 중이므로 오늘날 마이크로파 대역에서 희미하게 빛나는 우주배경복사와 똑같은 138억 년 전 재결합 시대의 우주배경복사는 지금보다 1조 배나 더 강렬하다. 그러니 당시의 하늘 전체는 태양 빛에 견줄 정도로 밝게 빛나고 있었을 것이다.

참조항목

17쪽 빅뱅 | 팽창의 시작

칠레의 초거대망원경 VLT에서 쏜 레이저로 표현된 조준선. 별들이 영원히 존재하는 무한한 우주에서 어떤 조준선은 반드시 별 하나와 만나게 될 것이다.

양자 중력

팽창의 시작

우주 태초의 물리적 조건은 너무나 극단적이어서 여전히 양립하기 힘든 일반상대성이론과 양자역학이라는 2가지 이론을 통합할 필요가 있다.

●

우주에서 일어나는 모든 현상은 '기본' 상호작용(fundamental interaction)을 이용해 설명된다. 이것은 그 어떤 상호작용보다 더 기초가 되는 상호작용이다. 각 상호작용은 또한 '기본' 힘으로 나타난다. 기본 힘은 4가지로 전자기력, 약력, 강력 그리고 중력이다. 힘의 상대적 강도에 따라 분류할 때 기본 상호작용은 놀랍도록 다양한 모습을 보인다. 중력값이 1일 때 약력은 10^{25}(숫자 1 뒤에 0이 25개나 붙는 수), 전자기력은 10^{36} 그리고 강력은 10^{38}이나 된다!

물리학자들은 기본 상호작용을 해석할 때 매개 역할을 하는 입자의 교환을 이용한다. 예를 들어 전자기적 상호작용의 경우 매개 입자는 광자이다. 중력 상호작용과 전자기적 상호작용은 먼 거리까지 영향을 미친다. 이 두 가지가 우리에게 가장 친숙하다. 이 두 상호작용의 매개 입자는 질량도 전하량도 0이다. 영향력을 미치는 거리가 짧은 상호작용과 약한 상호작용은 원자핵 내에만 갇혀있다. 이들의 매개 입자는 무겁고 전하를 띤다. 중력은 너무 약해서 입자 수준에 개입하지 않는다. 중력이 나타나려면 훨씬 거대한 질량이 필요하다.

그러므로 가장 앞선 중력 이론인 일반상대성이론이 행성과 별과 은하의 세계 등 무한히 큰 것의 세계를 그토록 잘 설명하는 것이 놀랍지 않다. 반면 무한히 작은 것은 양자역학의 영역인데 양자역학은 원자와 아원자 수준에 개입하는 3가지 기본 힘을 다룬다.

지구상 가장 유명한 실험실의 물리학자들은 오늘날 우주의 태초 상황을 설명할 수 있는 이론을 세움에 있어 가진 정보가 거의 없다. 우주의 최초 순간에는 무한히 큰 것과 무한히 작은 것이 만나고 4가지 상호작용은 통합되어 있었다고 한다. 그래도 일반상대성이론과 양자역학이라는 원수지간인 두 자매가 화해하기 어렵다는 점에는 변함이 없다. 그렇다고 노력이 없었던 것은 아니다. 이 위대한 재통합이라는 모험에 뛰어든 연구자들의 초중력이론, 초끈이론, 고리양자중력이론 등이 그 증거이다. 과학계의 합의를 얻은 양자중력이론 연구는 커다란 장애물에 부딪히는데 그것은 적용할 에너지와 거리의 규모가 실험자들이 사용하는 기술적 도구와 양립할 수 없다는 점이다. 이런 이론은 입증할 수 없을지도 모른다!

참조항목

24쪽 플랑크 시대 | 팽창 시작 5×10^{-44}초 후

플랑크 시대

팽창 시작 5×10^{-44}초 후

이 시기 동안은 밀도와 온도가 아주 높아서 일반상대성이론보다 양자중력이론을 적용하는 것이 더 적합하다. 지금도 양자중력이론의 공식을 만들기 위한 연구가 계속되고 있다.

•

1899년 프로이센 과학 아카데미 회의에서 독일의 이론 물리학자 막스 플랑크(Max Planck)는 물리학의 기본상수만 사용하여 정의된 측정 단위계를 제안한다. 이 자연 단위계를 만들기 위해 플랑크는 중력 상수, 진공 상태에서 빛의 속도(아인슈타인이 아직 공식으로 만들지 못했던 상대성이론의 핵심 역할을 하게 됨), 그리고 플랑크 상수(양자역학 이론의 핵심이 됨)에 토대를 둔다. 정의상 기본상수 값과 단위가 같아지는 기본상수를 이용하여 예를 들면 플랑크 시간 같은 시간 단위를 재정의할 수 있다. 이때 플랑크 시간은 t로 표시하며 그 값은 약 5×10^{-44}초이다. 이것은 물리적 의미를 지닌 가장 작은 단위의 시간이다.

위대한 독일 물리학자의 자연 단위계를 기려 우주론자들은 그 길이가 대략 플랑크 시간과 같은 빅뱅 직후의 아주 짧은 시기를 '플랑크 시대'라고 명명한다. 성공적인 양자중력 이론이 없다면 이 시기를 연구하는 것도 그 시기가 어느 정도인지 정확한 기간을 정하는 것도 불가능하다. 플랑크 시간보다 짧은 기간의 경우 시간과 공간이라는 개념조차 큰 문젯거리이다. 이때 보통 '양자 거품'을 떠올리는 것에 그칠 수밖에 없는데 양자 거품이란 자연의 4가지 힘이 유일한 1가지 기본 상호작용으로 통합되는 태초의 모호함이다.

그러므로 일종의 장애물인 플랑크 벽은 우주의 태초 시기 연구에 걸림돌이 된다. 하지만 우주론 학자들은 잠재적 증거로 관심을 돌릴 수 있는데 잠재적 증거는 소음 같은 중력파의 모습으로 플랑크 벽을 통과해 나타날 수 있다. 천체물리학자들은 우주배경복사에서 그 흔적을 찾기 위해 부단히 애쓰고 있다. 2014년 미국의 한 연구그룹은 권위 있는 과학 학술지 『네이처(Nature)』에 바이셉2(BICEP2) 실험을 통한 관측 결과를 게재한다. 이들의 데이터는 원시 중력파가 우주배경복사에 남긴 흔적을 밝혀낸 것으로 보였다. 그러나 얼마 지나지 않아 유럽의 플랑크 우주탐사선 연구팀이 제시한 데이터를 통해 이 흔적이 성간 먼지일 뿐이었음을 입증한다. 2030년대 말이면 전용 우주 장비를 이용해 마침내 원시 중력파를 검출하고 플랑크 시대에 관한 정보와 더불어 우주가 최초의 도약을 이룬 방식에 대한 정보도 얻을 수 있을 것이다.

참조항목

22쪽 양자 중력 | 팽창의 시작
39쪽 우주가 투명해지다 | 팽창 시작 38만 년 후
259쪽 최초의 중력파 발견 | 2016년
278쪽 우주에서의 중력파 검출 | 2035년

급팽창

팽창 시작 10^{-35}초 후

강렬한 급팽창 시기를 겪으며 우주는 엄청난 비율로 팽창되었고 관측 가능한 우주에 균질성과 등방성, 평평함이라는 특징이 부여될 수 있었다.

●

하늘을 세심히 관찰한 결과 천문학자들은 관측 가능한 우주가 균질성뿐 아니라 등방성을 가지며 평평하다는 점을 확신한다. 균질의 의미는 거시적으로 볼 때 물질의 밀도가 어디에서나 같다는 뜻이다. 등방이라는 것은 역시나 거시적으로 볼 때 관측 가능한 우주의 구조가 어느 방향에서 보아도 같다는 의미이다. 다시 말해 우주에는 중심이 없다. 평평하다는 것은 삼각형의 3각의 합이 180도라는 뜻으로 구의 표면처럼 휘어있는 우주에서는 그렇지 않다. 유럽의 플랑크 우주탐사선이 최근 마이크로파 대역에서 관측한 우주배경복사를 통해 이 3가지 특성이 확인되었다.

하지만 이 같은 사실이 빅뱅이론에도 적용되려면 플랑크 시대 직후 우주의 크기가 1초를 아주 미세하게 쪼갠 시간(1초를 10^{50}으로 나눈 시간. 10^{50}은 1 뒤에 0이 50개나 붙는 수) 만에 커졌다는 점을 전제해야 한다. 엄청난 급팽창 효과로 원시 우주라는 조그맣고 균질한 구역은 말할 수 없이 거대해지는데 이것은 관측 가능한 우주보다 훨씬 광대하다. 관측 가능한 우주 역시 균질성을 가짐에는 변함이 없다. 또한 우주의 급팽창은 우주가 평평한 모습을 띠도록 자극하는 효과를 가지는데 이것은 마치 우리가 고무풍선을 불 때와 비슷하다. 처음에 풍선은 아주 뚜렷한 곡면을 나타내지만 풍선을 점점 크게 불어 이것이 지구만큼 커진다면 곡면은 사라져버린다. 지표면에서 바라보는 우리의 지구는 평평해 보이지 않는가?

곡면의 흔적이 모두 사라질 정도로 우주공간을 어마어마하게 확대하면 이방성도 없어진다. 게다가 이러한 급팽창 중에는 출발점이 되는 조그만 구역에 미세한 양자적 변동이 일어나도 우주적 차원의 변화가 생긴다. 이 변동은 우주배경복사에 영구적 흔적을 남기고 결국 미래 우주의 거대 구조를 잠재적으로 품게 된다. 그 지점에 도달하기 위해 급팽창 중인 원시 우주는 암흑에너지처럼 가속을 촉진하는 어떤 실체의 영향력 아래 놓인다. 이 암흑에너지도 우주의 가속 팽창의 원인이라는 것을 20세기 말 우주론자들이 확인한 바 있다. 이 가속 촉진체는 에너지 밀도가 아주 높아 이후 붕괴하여 입자가 되며 그 결과 급팽창은 끝이 나고 물질이 탄생한다.

참조항목

17쪽 빅뱅 | 팽창의 시작
24쪽 플랑크 시대 | 팽창 시작 5×10^{-44}초 후
39쪽 우주가 투명해지다 | 팽창 시작 38만 년 후
46쪽 거대 구조 형성 | 137억 년 전
80쪽 우주 팽창이 가속되다 | 48억 년 전

물질이 나타나다

팽창 시작 10^{-12}초 후

입자로 이뤄진 물질이 양자적 공(空)으로부터 나타난다. 양자적 공의 암흑물질 입자는 지상 최대 입자가속기에서 다시 만들어질지도 모른다.

•

급팽창이 끝날 때까지 양자적 의미의 우주공간은 비어있다. 무(無)에서 솟아난 가상 입자들이 계속해서 공간을 이리저리 누비고 있으나 곧 무로 되돌아온다. 급팽창이 끝날 때 우주에 주입된 거대한 양의 에너지를 이용하여 가상 입자들은 자신의 반입자들과 함께 실제 세계로 진입한다. 이 입자들은 모두 곧 격렬한 무질서 속으로 끌려 들어가는데 그곳에서 물질화 과정 후 즉시 역과정인 소멸이 일어난다.

이렇게 진공 상태에서 솟아난 입자 중에는 물론 '보통의' 물질 입자도 있다. 바로 이 입자로 별과 사람이 만들어져 있고 입자물리학의 표준모형으로 잘 설명되는 입자이다. 이 표준모형은 무한소(小)를 양적으로 이해하는 데 큰 도움이 되지만 우주의 수많은 모습을 설명할 때 물리학자들은 암흑물질(dark matter)이라 부르는 다른 형태의 물질이 있다는 것을 알고 있다.

요컨대 이 암흑물질은 자신이 일으키는 중력을 통해 작용하며 거대 구조의 응집력과 안정성을 위해 우리의 순수한 원자 세계에 섞여 있는, 보이지 않으나 지배적인 부가적 요소이다. 이 물질을 '눈에 보이지 않으며 투명한 물질'이라 부르는 것이 아마도 더 적절했을 것이다.

암흑물질이 주어진 역할을 모두 수행하려면 전자기력에 반응하지 않고(전자기력에 반응한다면 암흑물질은 가시적 물질이 됨) 강력에도 반응하지 않는(강력에 반응한다면 암흑물질 입자는 원자핵에 엄청난 부담을 주게 될 것임) 무거운 입자로 만들어져 있어야 한다.

표준모형의 어떠한 입자도 이 조건들을 충족시키지 못한다. 그래서 물리학자들은 '윔프(WIMP, Weakly Interacting Massive Particles, 약하게 상호작용하는 무거운 입자)'라는 애칭이 붙은 가상의 입자로 관심을 돌리게 되었다. 물리학자들에 따르면 윔프의 후보군 중 가장 유력한 것은 뉴트랄리노(neutralino)로 초대칭이론에 의해 예측된 중성적이며 무겁고 안정적인 입자이다. 초대칭이론에서 표준모형의 입자 하나는 훨씬 무거운 동반 입자 하나와 연결되어 있다고 한다. 세계 최고 성능의 입자가속기인 LHC(Large Hadron Collider, 대형 강입자가속기)를 통해 연구한 입자물리학자들은 표준모형의 요체인 힉스 입자를 발견하여 이미 유명해졌다. 이제 그들은 암흑물질을 탄생시켜 연구하고자 하나 아직은 성공하지 못했다. 암흑물질의 성질은 약 75년 동안 지속되어 온 물리학의 가장 보기 드문 수수께끼 중 하나이다.

참조항목

26쪽 급팽창 | 팽창 시작 10^{-35}초 후
33쪽 물질이 반물질을 이기다 | 팽창 시작 10^{-6}초 후

LHC의 아틀라스(ATLAS) 검출기 모습. 규모를 보여주기 위해 전면에 물리학자가 서 있다. 2015년 LHC 활용 2단계가 시작된 후 이 장치는 이제껏 도달한 적 없는 에너지로 가속된 양성자와 반양성자의 충돌을 통해 급팽창 이후 원시 우주의 에너지 밀도와 비슷한 에너지 밀도를 재생산하고 있다.

원시 수프

팽창 시작 10^{-9}초 후

물질의 중입자 성분은 수프 상태에 있다. 이 수프 안에는 쿼크, 반쿼크, 글루온 등이 끊임없는 소멸과 물질화의 들끓음 속에 격렬히 요동치고 있다.

●

경이로운 급팽창 단계를 거친 후 우주의 팽창률은 훨씬 낮아져 앞으로 수십억 년 동안의 팽창률과 비슷한 정도가 된다. 우주는 팽창하기 때문에 계속 식어가고 있으나 온도가 수조(兆) 도에 달하는 한 물질의 중입자(baryon) 성분은 '쿼크(quark)와 글루온(gluon)의 플라스마'라는 상태에 놓인다. '플라스마'라는 용어는 전자 안개의 비유와 관련이 있다. 이 전자 안개 속에 이온과 원자핵이 있고 이것들은 예를 들면 불꽃이나 번개 속에서 발견된다.

따라서 이 플라스마는 강력에 지배되는 표준모형의 기본입자(쿼크와 반쿼크)로만 만들어지는데 글루온이 기본입자들을 매개한다. 덜 극단적인 물리 조건에서 쿼크는 안정된 입자(양성자나 중성자)와 불안정한 입자(파이 중간자) 내부에 영원히 '달라붙는다.' 그런데 원시 수프가 어떤 온도에 도달하면 열운동이 강력의 속박보다 우세해진다. 이때 쿼크와 반쿼크(antiquark), 글루온은 더 이상 갇혀있지 않고 거의 자유롭게 움직인다. 이처럼 입자물리학자들의 성배인 쿼크와 글루온의 플라스마는 빅뱅 직후 우주에 존재하며 고밀도 별의 중심부에도 존재할 것이다.

플라스마를 연구하는 최고의 방법은 이것을 인공적으로 만들어내는 것이다. 그러기 위해서는 초고밀도 물질을 1조 도가 넘는 초고온 상태로 만들어야 한다. 그리하여 과학자들은 이 같은 극한의 물리적 조건에서 가장 무거운 원자핵(예를 들면 납 이온) 2개를 빛의 속도에 가깝게 가속 충돌시키기로 한다. 이것이 바로 LHC의 충돌지점 4곳 중 하나에 설치된 ALICE(A Large Ion Collider Experiment, 대형 이온 충돌기 실험)의 핵심이다. ALICE 실험은 무거운 이온들이 충돌할 때 얻어지는 데이터를 수집할 수 있는 복합 실험 장치를 수용하고 있다. 입자물리학자들은 납 이온이 충돌할 때마다 2만 개까지 생기는 수많은 입자를 연구함으로써 충돌의 핵심에서 생성되는 쿼크와 글루온의 일시적 플라스마를 탐구하고 그 결과 태초의 우주에서 중입자 물질(baryonic matter)이 어떻게 만들어지는지도 이해할 수 있을 것으로 보고 있다.

참조항목

26쪽 급팽창 | 팽창 시작 10^{-35}초 후
28쪽 물질이 나타나다 | 팽창 시작 10^{-12}초 후

물질이 반물질을 이기다

팽창 시작 10^{-6}초 후

우주는 이제 상당히 식었다. 그 결과 쿼크, 반쿼크와 글루온이 결합하여 양성자, 중성자와 이것들의 반입자를 이룬다. 이 입자들이 바로 물질을 이루는 기본 벽돌이다.

●

빅뱅이 있고 100만 분의 1초 후 우주의 온도는 이제 그리 높지 않아서 물질의 중입자 성분은 쿼크와 글루온의 플라스마 상태를 유지한다. 다시금 우세해진 강력이 쿼크를 서로 묶어주어 합성 입자, 중간자(meson), 중입자(baryon)를 형성하는데 중입자는 쿼크 3개가 결합한 것이다. 이들 중 가장 잘 알려진 양성자와 중성자는 암흑물질과 반대로 우주에서 감각으로 알 수 있는 모든 것을 구성한다. 그런데 전하를 띤 입자는 각각 질량이 같고 반대 전하를 띤 반입자(antiparticle) 하나와 대응하므로 반중입자도 무수히 만들어져 분신을 만나기만 기다린다. 중입자와 반중입자가 만나면 상호 소멸이 일어나는데 이 과정을 통해 중입자 2개의 질량에너지가 광자나 다른 입자 형태로 방출된다.

이렇게 중입자 형성기는 강력한 소멸기로 이어진다. 광자 하나가 양성자-반양성자의 짝으로 물질화되는 역반응은 손실을 상쇄시키는데 이 물질화 과정이 가능할 만한 충분한 에너지를 광자가 가지고 있는 한 평형을 이룰 수 있다. 그런데 급팽창 결과 광자의 평균 에너지가 감소하므로 물질화는 점점 덜 일어나는 반면 소멸은 전과 다름없이 엄청난 속도로 계속된다. 물리 법칙의 비대칭이 원시 수프 안의 균형을 깨뜨리지 않는다면 중입자는 모두 사라질 수도 있다. 원시 수프 안에는 쿼크가 10억 더하기 1개, 반쿼크는 10억 개만 있다.

이렇게 물질이 반물질보다 겨우 조금 많은 상태가 될 수 있도록 하는 조건에 대하여는 1967년 러시아의 물리학자 안드레이 사하로프(Andreï Sakharov)가 규정한 바 있다. 그는 1960년대 초 최고 성능의 대량 살상무기 '차르 봄바(Tsar Bomba)'의 설계에 기여한 후 이론물리학으로 전향했다가 그 후 인권, 시민적 자유, 그리고 소련의 개혁을 위해 투쟁하는 운동가로 활약한다.

중입자와 반중입자 간의 미세한 불균형으로 인해 반중입자는 소멸기가 끝나면 모두 사라지는데 이때 중입자는 처음 수의 10억 분의 1개만 남는다. 빅뱅 발생 1초 후 장면의 제목은 반물질의 완전한 소멸이다. 즉 팽창으로 인해 광자의 에너지는 전자-양전자 쌍을 생산하는 한계 이하가 되고 결과적으로 양전자는 모두 소멸하고 전자는 아주 조금만 남는다.

참조항목

31쪽 원시 수프 | 팽창 시작 10^{-9}초 후
171쪽 우리은하 중심의 반물질 | 기원전 2만 4650년

헬륨 생성

팽창 시작 3분 후

우주는 여전히 고밀도와 고온 상태이므로 원시 핵합성 과정이 시작된다. 이 과정에서 양성자와 중성자가 융합하여 헬륨의 핵력을 이룬다.

●

빅뱅 3분 후 우주는 여전히 고밀도와 고온의 매질이어서 살아남을 수 있는 유일한 아원자 입자는 핵자 즉 양성자와 중성자이다. 이것들을 지배하는 강력이 양성자와 중성자를 서로 붙게 하려고 애쓴 결과 최초의 원자핵이 만들어진다. 그런데 이 입자들은 주로 이전의 대량 소멸 과정에서 나온 광자로 가득한 매질 속에서 움직인다. 이 광자들의 에너지 수준은 꽤 높아서 최초로 생성된 핵을 분열시킬 수 있다. 그러나 팽창으로 인해 광자의 평균 에너지는 중수소처럼 가장 약한 핵의 결합력보다 낮아진다. 중수소는 수소의 동위원소 중 하나로 양성자 하나와 중성자 하나가 결합된 것이다. 새로이 생성된 핵이 분리되지 않으려 저항하는 이때 우주는 하나의 거대한 핵융합 원자로에 불과하며 자유중성자 대부분은 헬륨 핵 안에 붙어있다.

헬륨의 핵 하나는 가장 흔한 경우 양성자 2개와 중성자 2개가 결합되어 있고 이렇게 형성된 He^4는 헬륨의 안정적 동위원소 중 하나이다. 이전의 매질에는 대략 양성자 7개당 중성자 하나가 있었고 양성자의 질량이 더 가벼워서 He^4의 생산이 촉진되었다. 가벼운 양성자가 사용 가능한 중성자를 모두 끌어당기므로 원시 핵합성 단계 끝에 매질

속의 He^4 비율은 결국 8 %(핵의 숫자로) 정도가 된다. 헬륨 생성이 끝나면 강력은 갖은 노력으로 핵합성을 계속하는데 이때 He^4의 각 핵마다 중성자 하나를 붙여주거나 He^4 두 개를 결합시키려 하지만 성공하지 못한다. 이런 방식으로 만들어질 수 있는 핵은 모두 불안정하고 금방 분열된다. 원시 핵합성은 결국 막다른 길에 가로막히고 탄소나 산소처럼 더 무거운 원소의 탄생은 뒤로 미뤄진다.

1940년대 말 러시아계 미국인 물리학자 조지 가모프(George Gamow)는 르메트르(Lemaître)의 원시 원자 개념에 근거해 원시 우주에서 핵반응이 아주 이른 시기에 일어났으리라고 생각한 최초의 인물이다. 그는 1948년 제자 랄프 알퍼(Ralph Alpher)와 함께 원시 핵합성에 관한 선구적 논문 「화학원소의 기원(The Origin of Chemical Elements)」을 발표한다. 가모프는 논문 서명인에 한스 베테(Hans Bethe)의 이름도 추가하는데 심지어 이 독일 태생의 미국 물리학자는 논문에 기여한 바가 없었다. 이것은 순전히 말장난에서 오는 즐거움 때문이었는데 3명의 이름(알퍼, 베테, 가모프)이 너무나 강력히 알파, 베타, 감마를 연상시키기 때문이었다.

참조항목

33쪽 물질이 반물질을 이기다 | 팽창 시작 10^{-6}초 후
37쪽 원시 핵 합성의 종료 | 팽창 시작 20분 후

원시 핵 합성의 종료

팽창 시작 20분 후

우주 속에 핵이 증가하는 현상은 최초의 별이 탄생하기까지 정지된다. 우주를 구성하는 것은 수소가 92 %, 헬륨이 8 %이고 다른 가벼운 핵은 아주 미량 존재한다.

●

20분이 채 못 되는 시간 동안 원시 핵합성은 우주의 내용물을 크게 변화시켰다. 처음에는 우주에 존재하는 중입자(baryon, 쿼크 3개로 이뤄진 합성 입자)만이 자유중성자와 양성자이다. 양성자는 또한 수소의 핵이기도 하다. 그러므로 이 양성자를 수소의 가장 흔한 동위원소인 '수소-1'이라 지칭할 수 있다. 결국 수소-1이 여전히 압도적 다수(핵의 숫자로 92 %)를 차지하나 헬륨의 자리(핵의 숫자로 8 %)도 반드시 있다. 이때 헬륨은 주로 동위원소 He^4이다. 오늘날 관측 가능한 우주 어디에서나 헬륨의 비율이 같다는 사실은 빅뱅이론을 뒷받침하는 가장 굳건한 증거 중 하나이다. 사실 별 내부에서 일어나는 핵합성 과정만으로 그토록 풍부한 헬륨을 생산한다는 것은 불가능하다.

He^4 이외에 원시 핵합성을 통해 아주 미량으로 He^3이나 리튬-7 같은 가벼운 원소의 다른 동위원소도 남는다. 가장 풍부한 것(0.001 %)은 수소-2이다. 수소는 유일하게 동위원소들이 색다른 이름을 가지고 있는데 예를 들면 수소-2에는 중수소(deuterium)라는 별칭이 있다. 원시 핵합성 종료기에 중수소가 풍부하다는 것은 우선 중입자의 밀도와 관련이 있다. 우주론자들은 오늘날 중수소의 양을 측정함으로써 우주 속

의 중입자 비율을 측정하려고 한다. 그러나 중수소는 까다로운 원소이다. 중수소의 취약함 때문에 헬륨의 원시 합성이 늦어졌고 별 안에서 중수소가 파괴되면 중수소의 양을 측정하기 어려워진다.

양성자 1개와 중성자 1개로 구성된 중수소의 핵은 수소-1의 핵보다 2배 무겁다. 핵 속에 중성자가 1개 있는 중수소의 화학적 특성은 수소와 같다. 그러므로 중수소 원자 2개는 산소 원자 1개와 기꺼이 결합하여 물 분자 하나를 형성한다. 중수소의 질량이 2배 무거우므로 이렇게 만들어진 물을 '중수'라 한다. 중수는 일부 원자로에서 핵분열 반응 시 나오는 중성자를 감속할 때 사용된다. 이렇게 감속된 중성자는 새로운 핵분열을 촉진할 기회가 많아지고 그에 따라 연쇄 반응이 시작된다. 이런 이유로 1940년대 초 나치 독일이 중수를 열렬히 탐냈으나 그들의 핵 추구는 물거품이 되고 만다.

참조항목

17쪽 빅뱅 | 팽창의 시작
35쪽 헬륨 생성 | 팽창 시작 3분 후
87쪽 태양은 핵융합 발전소 | 45억 7천만 년 전

우주가 투명해지다

팽창 시작 38만 년 후

자유전자가 없어진 원시 매질에 복사가 퍼져나가 온 우주를 가득 채운다. 이 우주배경복사는 플랑크 우주 탐사선을 통해 발견된다.

●

우주가 식어가고는 있으나 온도는 수십만 년 동안 여전히 3,000 K(켈빈) 이상이다. 원시 매질은 광자의 바다를 누비는 무거운 암흑물질 입자들과 원자핵 그리고 자유전자가 섞인 플라스마이다. 전자기력을 잘 매개하는 광자들은 자유전자와의 상호작용을 늘리고 자유전자들은 서로 앞다투어 광자를 산란시킨다. 산란이 거듭되는 가운데 광자의 평균자유거리는 아주 짧다. 이때 우주는 불투명하다. 짙은 안개 속에서 물방울들이 끊임없이 빛을 산란시키는 것처럼 말이다.

우주가 팽창하면서 온도가 3,000 K라는 숙명적 기준 이하로 떨어지지 않는 한, 광자는 여전히 날카롭게 움직여 전자와 핵이 짧은 만남을 통해 이루려는 결합을 깨뜨린다. 빅뱅이 있고 38만 년 후 온도는 숙명의 기준 이하로 낮아지고 광자는 전자와 핵의 지속적 결합을 더 이상 막지 못한다. 리튬과 헬륨 원자가 최초로 탄생하고 곧이어 수소 원자가 만들어진다. 순식간에 전자 대부분이 원자 안에 묶인다. 자유전자가 없는 매질 속에서 광자의 평균자유거리는 관측 가능한 우주의 크기보다 길고 따라서 관측 가능한 우주는 투명해진다. 이 돌연한 변화를 기이하게도 '재결합(recombination)'이라 부르는데 이렇게 전자와 원자

핵이 결합한 것은 이때가 처음이므로 상당히 부적절한 명칭이다.

이렇게 우주에는 재결합 직전 시기의 특징인 3,000 K 온도의 불투명한 매질을 잘 나타내주는 복사가 퍼져나간다. 이 복사의 선호 파장은 약 1,000 Å이다. 이 복사는 우주를 구성하는 조직과 불가분의 관계이므로 팽창 효과로 우주공간이 늘어나면 이 복사의 파장도 길어진다. 이 복사의 선호 파장은 오늘날 약 2 mm로 감지되는데 이것은 3 K에 조금 못 미치는 온도를 지닌 불투명한 물체가 내는 복사의 파장이다. 온 우주를 비추는 이 복사는 모든 방향으로 같은 강도를 지니며 잡음처럼 감지된다. 이 우주 배경은 우주의 모습을 재결합 시기로 옮겨놓는다. 그 옛날의 음향파는 마치 대기 중의 음파처럼 원시 우주의 모든 공간을 누빈다. 이 움직임은 분명 재결합 시기에 멈춰 있으나 그 흔적은 미세한 온도 차를 드러내며 우주 배경에 남는데 이 온도 차 속에 잠재적인 우주의 거시 구조가 들어있다.

참조항목

17쪽 빅뱅 | 팽창의 시작

44쪽 암흑기 | 137억 년 전

249쪽 우주 생성의 비밀을 알려주는 잡음 | 1964년

투명해진 우주의 온도 차 지도. 유럽의 플랑크 우주 탐사선을 통해 2009년부터 2013년까지 우주배경복사를 관측하여 수집한 데이터를 기초로 만들었다. 가장 어두운 부분이 가장 온도가 낮고(평균보다 0.018% 낮음) 가장 밝은 부분이 가장 온도가 높다(평균보다 0.020% 높음). 겹쳐져 보이는 것은 플랑크 우주 탐사선의 상상도이다. 플랑크 우주 탐사선은 우주배경복사를 아주 낮은 온도로 냉각된 탐지기로 수렴시킬 수 있는 광대역 망원경을 탑재하고 있다.

PART 2

우주가 구성되다

•

유럽의 플랑크 우주탐사선이 제공한 온도 차 지도를 본 천체물리학자들은 빅뱅 이후 결정적 시기, 즉 우주가 투명해진 '재결합' 시기에 우주는 현저한 균질성을 가지고 있었다고 결론 내렸다. 지금의 우주가 초거시적 차원에서는 균질하다고 알려져 있으나 좀 더 미시적 차원에서는 전혀 다르다. 실제로 가장 최근의 GOODS전천탐사 지도에는 비어있는 깊고 거대한 공간의 가장자리를 따라 광대한 구조들이 나타나 있다.

이렇게 균질한 우주가 팽창이 시작되고 40만 년이 지나자 어떻게 가장 불균질한 상태로 변하는 것일까? 이 불균질 상태에서 물질이 응축하여 별과 은하가 되는데 이 별과 은하는 거대한 공동(空洞) 안에서 가느다란 실과 덩어리 모양을 하고 있다. 천체물리학자들이 이런 변화를 다시 설명해보려고 노력한 지도 오래되었다. 그들은 플랑크 탐사선 데이터가 보여주는 태초의 상태와 마찬가지로 GOODS전천탐사 지도가 보여주는 최근 상태도 잘 알고 있다.

오늘날 천체물리학자들은 최첨단 디지털 시뮬레이션을 활용하여 재결합 이후 우주의 진화를 보여주는 주요 사건들을 굵직한 흐름으로 설명하고 있다.

이제 여기까지 채택했던 연대 표기 방식을 그만두고 앞으로는 우리 지구의 책력에 따라 사건을 소개할 것이다. 하지만 주의할 점이 있다. 빛이 언제나 같은 속도로 움직인다는 것을 증명한 알베르트 아인슈타인(Albert Einstein) 덕분에 19세기 학자들이 시간에 부여한 절대적 성질은 사라지고 말았다. 그러므로 우리의 연표는 지구인에게만 적합하고 어떤 경우에도 절대적 시간이란 개념을 퍼뜨려서는 안 된다. 혹시라도 이 책이 다른 은하에서 출판된다면 사건의 연표는 완전히 달라질 것이다.

암흑기

137억 년 전

우주배경복사 지도에서 보이는 미세한 온도 차는 우주 거대 구조를 잠재적으로 품고 있는 물질이 초고밀도임을 알려준다.

•

빅뱅이 일어나고 38만 년 후 우주는 투명해지고 여전히 고밀도 고온 상태이다. 또 아주 균질한 상태여서 물질의 밀도가 공간 어느 지점에서든 거의 정확히 같다. 그런데 정반대로 오늘날 우주는 마치 이질적인 잡동사니처럼 보인다. 오늘날 은하의 별들은 다소 밀도 높은 우주공간에 잠겨 있으나 저 옛날의 은하는 텅 비어있다. 이렇게 한 상황에서 또 다른 상황으로의 전이기라 할 수 있는 우주의 진정한 '청소년기'는 중입자 물질이 응축되어 최초의 별이 탄생할 때 끝난다. 그러나 저 옛날 재결합 이후 2억 년 동안은 우주가 식어감에 따라 점점 어두워지는 매질 안에서 그 어떤 것도 빛나지 않는다. 그래서 이 시기를 '암흑기'라 부른다.

그런데 우주는 어떻게 그토록 단순한 원시 상태에서 오늘날 볼 수 있는 다채로운 모습으로 변했을까? 이 놀라운 차이를 만든 것은 특히 우주에서 관측 가능한 소수의 물질 즉 중입자 물질이다. 또 다른 형태의 물질이 훨씬 더 높은 비율로 우주 어디에나 존재하는데 그것은 바로 암흑물질이다. 이 물질의 성질은 지금까지 크게 알려진 바가 없다. 재결합 이전에는 물질과 복사가 상호작용하여 우주배경복사 지도에 나타난 밀도 차가 커지지 않게 막아준다. 그러나 핵과 전자가 결합하여 원자를 형성하는 순간부터 최초의 밀도 차는 이제 중성이 된 우주에서 훨씬 커질 수 있다. 암흑물질이 지나치게 풍부하므로 최초의 밀도 차는 암흑물질 자체의 중력 효과로 인해 신속히 커진다.

암흑물질은 응축되면서 중입자 물질을 붕괴시킨다. 왜소 은하 크기의 구조들이 형태를 갖추기 시작한다. 이렇게 암흑물질의 도가니 안에 사로잡힌 중입자 물질은 한데 모여 분열하면서 별을 만든다. 별은 빛을 내기 시작하면 엄청난 자외선 복사를 방출시켜 재결합 이후 중성을 유지하던 원자를 양성자와 전자로 분리한다. 이것이 바로 진정한 우주의 재이온화(reionization)이다. 이 현상은 조금씩 퍼져나간다. 겨우 2억 년이면 암흑기가 끝난다. 우주는 우리가 익히 아는 것처럼 셀 수 없이 다양한 별을 거느리게 된다.

참조항목

28쪽 물질이 나타나다 | 팽창 시작 10^{-12}초 후
33쪽 물질이 반물질을 이기다 | 팽창 시작 10^{-6}초 후
39쪽 우주가 투명해지다 | 팽창 시작 38만 년 후
44쪽 암흑기 | 137억 년 전

거대 구조 형성

137억 년 전

디지털 시뮬레이션을 통해 원시 우주의 밀도가 어떻게 변화하여 거대 구조를 형성했는지 그리고 거대 구조의 모습이 어떻게 관측 결과와 긴밀히 일치하는지 이해할 수 있다.

●

우주론 학자들에 따르면 재결합 시기와 거대 구조 형성기 이후 오늘날에 이르는 우주의 진화 방식을 가장 잘 설명해주는 시나리오가 있으며 이 시나리오에서 암흑물질은 중입자 물질보다 훨씬 풍부히 존재하고 빛의 속도보다 느린 무거운 입자로 이뤄져 있다고 한다. 점점 더 정교해지는 디지털 시뮬레이션을 통해 '차가운 암흑물질(cold dark matter)' 모형을 지지하는 의견들이 생겨난다. '차갑다'는 것은 이 모형의 가정 상 암흑물질 입자의 속도가 느리다는 뜻이다.

어떤 물리계의 진화를 방정식으로 만들 때 필요한 것은 그 계의 처음 상태와 최종 상태를 아는 것이다. 우주의 경우 재결합에서 오늘날에 이르는 상태를 말한다. 처음 상태로는 우주배경복사 관측 결과로 충분한데 정확히 말하자면 유럽의 플랑크 탐사선의 관측 결과이다. 최종 상태는 GOODS전천탐사 지도를 보면 된다. 이제 우주론자들은 비르고(Virgo) 컨소시엄처럼 최첨단 디지털 시뮬레이션의 도움을 받아 재결합 시기 우주에 나타난 미세한 밀도 변화에서 출발해 130억 년이 넘는 시간에 이르는 우주의 변화를 설명하고 있다. 이때 그들은 거대한 공동 속 광활한 그물망 구조의 매듭 부분인 은하 덩어리에 응축된 물질을 가지고 우주의 변화를 설명한다.

차가운 암흑물질을 선호하는 이 시뮬레이션에 따르면 1억 년 후 만들어진 최초의 구조는 태양질량의 약 100만 배 되는 원시 은하들이다. 이 은하들은 계속 병합되어 마침내 평균 질량이 태양질량의 1천억 배 되는 은하들이 생겨난다. 점점 더 무거운 천체들이 만들어진다고 가정하므로 이것을 구조의 진화에 대한 '상승적' 접근법이라고 하며 특히 영국의 천체물리학자 마틴 리스(Martin Rees)가 주장한 바 있다. 반대로 차가운 암흑물질 모형과 양립되는 '하강적' 접근법에 따른 예측은 1980년대 초 크게 유행하지만 오늘날 GOODS전천탐사 지도가 보여주는 바와 크게 어긋난다.

참조항목

28쪽 물질이 나타나다 | 팽창 시작 10^{-12}초 후
33쪽 물질이 반물질을 이기다 | 팽창 시작 10^{-6}초 후
39쪽 우주가 투명해지다 | 팽창 시작 38만 년 후
44쪽 암흑기 | 137억 년 전

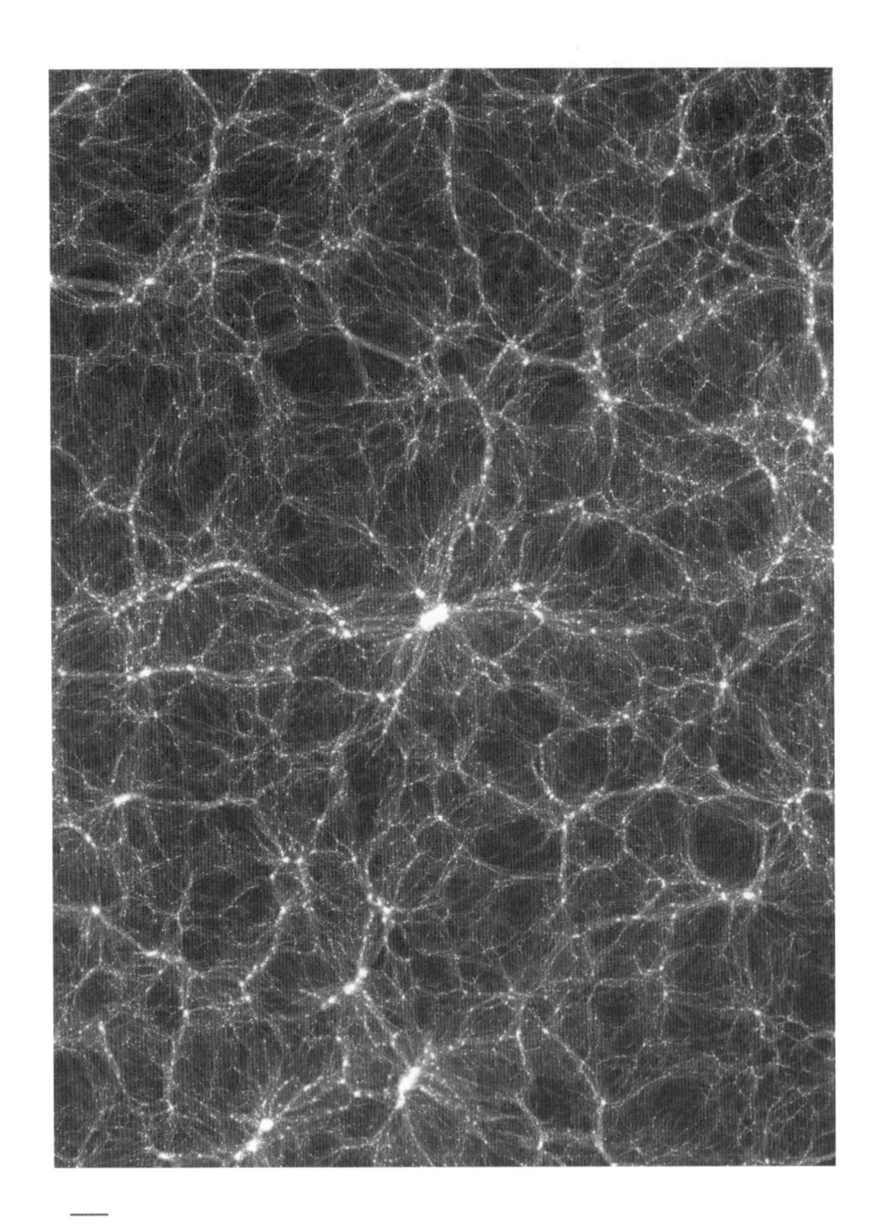

비르고 컨소시엄의 시뮬레이션으로 표현된 우주 큐브의 진화의 최종 단계. 큐브를 이루는 6면의 규모는 20억 광년이 넘는다. 2005년 한 달 넘게 최첨단 슈퍼컴퓨터를 동원해 작업한 비르고 컨소시엄의 우주론 학자들은 이 거대한 공간에 흩어져 있는 2천만 개 은하의 진화를 재구성했다.

알려진 가장 오래된 별의 탄생

136억 년 전

2세대의 별 하나가 한 원시은하에서 빛나고 있는데 이런 원시은하들이 병합되어 우리은하(은하수)를 형성한다. 이 별은 이제껏 관측된 적 없는 가장 오래된 별 중 하나다.

•

자기 PR이 대세인 사회 속의 과학자들은 이제 주저 없이 '노이즈 마케팅'을 펼친다. 그들은 자신의 연구 활동에 재정지원을 할 수 있는 기관의 주목을 받기를 간절히 바란다. 천체물리학자들도 이런 인기 추구에 가세하면서 비범한 천체에 관한 떠들썩한 발표도 늘어났는데 암흑기를 비추었던 최초의 별이 그 예이다. 이 별들의 출현은 우주 역사의 결정적 단계를 의미한다. 실제로 이 별들의 핵에서 원소 합성이 다시금 시작되는데 이때는 유리한 조건이 없으므로 원시 핵합성기의 헬륨 합성을 능가하지 못한다.

한 원시은하가 다른 원시은하들과 병합하여 마침내 우리은하인 은하수를 이루는데, 바로 이 원시은하에서 최초의 별 폭발이 일어난다. 이때 일어나는 폭발은 빅뱅이 남긴 유일한 원소인 수소와 헬륨으로 이뤄진 가스 속에서 발생한다. 아주 무거운 별들은 수명이 아주 짧은데 이 별들의 핵에서는 최초의 '금속'이 만들어져 이 매질을 채운다. 이처럼 천체물리학자들은 수소와 헬륨이 아닌 다른 원소를(탄소나 산소처럼 실제로 금속이 아닌 것까지도) 모두 금속이라 명명하고 이 원소들의 상대적 비율을 '중원소함량(metallicity)'이라 부른다. 이후 새로운 세대의 별들이 중원소함량이 아주 낮은 매질에서 만들어진다. 그중 가장 가볍고 수명이 긴 별들은 21세기에도 여전히 빛나고 있다. 천체물리학자들은 이 별들을 특별히 주목하며 연구한다. 중원소함량이 아주 낮은 이 별들은 살아있는 화석이자 우주 속에서 별들의 탄생이 시작되었음을 보여주는 증거이기 때문이다.

2014년 천체물리학자들로 이뤄진 한 국제 연구팀은 지금껏 발견된 것 중 가장 오래된 별(136억 살)을 발견했다고 발표한다. SMSS 0313-6708로 명명된 이 별은 호주 뉴사우스웨일스(New South Wales)주 사이딩 스프링(Siding Spring) 천문대의 광대역 망원경으로 남극 쪽 하늘을 샅샅이 탐색하여 발견된다. 약 6,000광년 떨어져 있는 SMSS 0313-6708은 철 함량이 지극히 낮은 것으로 나타나는데 이것은 이 별이 매우 고령임을 알려주는 신호이다. 칠레에 있는 미국 천문대 라스 캄파나스(Las Campanas)의 마젤란(Magellan) 우주망원경을 통해 수집된 데이터를 보면 SMSS 0313-6708의 철 함량은 태양이 지닌 철 함량의 100만 분의 1에 불과하다. 천체물리학자들에 따르면 원시 별로 추정되는 아주 무거운 별(태양질량의 60배)이 폭발한 직후 이 별이 만들어졌다고 한다.

참조항목

28쪽 물질이 나타나다 | 팽창 시작 10^{-12}초 후
33쪽 물질이 반물질을 이기다 | 팽창 시작 10^{-6}초 후
39쪽 우주가 투명해지다 | 팽창 시작 38만 년 후
46쪽 거대 구조 형성 | 137억 년 전
49쪽 알려진 가장 오래된 별의 탄생 | 136억 년 전

어떤 은하는 이미 찬란히 빛나고 있었다

134억 년 전

적외선 영역까지 하늘을 탐색하던 천체물리학자들은 암흑기에서 갓 탄생하여 유년기의 광채를 내뿜는 은하를 2015년 발견한다.

●

빅뱅이 있고 38만 년 후 우주는 전기적으로 중성이다. 사실상 우주는 꽤 식어서 음전하를 띤 전자들은 계속해서 원자핵(주로 수소와 헬륨)과 결합한다. 원자핵은 양전하를 띤 입자로 앞선 원시기로부터 남겨진 것이다. 그로부터 10억 년이 조금 못 되어 상황은 역전된다. 우주 전체가 재이온화(reionization)를 겪는데 그 결과는 오늘날까지 뚜렷하다. 아주 강렬한 자외선 복사로 인해 수소 원자들은 모두 전자를 잃고 다시 이온화된다.

수소의 '재이온화'는 대략 어떤 시기에 일어날까? 도대체 어떤 광원이 그토록 많은 자외선을 방출하여 우주의 거의 모든 수소 원자를 이온화시킬 수 있을까? 자외선 빛으로 암흑기를 밝혔던 최초의 별을 확인하기 위해 천체물리학자들은 가장 멀리 있는 별들을 찾아내고자 한다. 그 별까지의 거리를 계산하기 위한 전제는 바로 우주 팽창의 효과로 우주공간의 조직이 늘어나므로 별까지의 거리가 멀수록 별이 내는 복사의 파장이 길어진다는 것이다. 이렇게 파장이 긴 쪽으로 늘어나는 현상을 적색편이라고 하는데 가시광선을 기준으로 파장이 가장 긴 쪽에 있는 색이 붉은색이다.

2016년 미국의 파스칼 오쉬(Pascal Oesch) 박사 팀의 천체물리학자들은 허블 우주망원경을 이용해 먼 은하 GN-z11를 근적외선으로 관측한 결과를 발표한다. 앞서 스피처(Spitzer) 우주망원경으로 가장 긴 파장대의 적외선 영역을 관측하여 발견된 바 있는 GN-z11 은하는 우리은하 크기의 25분의 1이며 거느리는 별들의 질량은 우리은하의 100분의 1이다. 그런데 이 씨앗 은하는 우리은하보다 20배 높은 비율로 별을 만들고 있다. 오쉬와 동료들이 계산한 적색편이 값(z = 11.09)은 GN-z11이 2016년까지 알려진 은하 중 가장 멀리 있는 은하임을 입증한다. 이 은하가 빅뱅이 있고 4억 년 후 이미 찬란한 빛을 내뿜고 있었다는 사실은 GN-z11 같은 원시 은하들이 우주 재이온화를 일으킨 주역들이라는 점을 시사한다.

참조항목

17쪽 빅뱅 | 팽창의 시작
39쪽 우주가 투명해지다 | 팽창 시작 38만 년 후
44쪽 암흑기 | 137억 년 전
46쪽 거대 구조 형성 | 137억 년 전
49쪽 알려진 가장 오래된 별의 탄생 | 136억 년 전

원시별의 재앙적 소멸

132억 년 전

무거운 별은 짧은 생의 끝에서 감마선 폭발을 일으킨다. 이것은 온 우주에서 가장 거대한 폭발 중 하나이다.

•

우리은하의 별을 나이에 따라 항성종족 Ⅰ과 항성종족 Ⅱ로 분류했던 천체물리학자들은 곧 우주 최초의 별들을 항성종족 Ⅲ으로 분류할 것을 계획했다. 그러나 학자들은 우주 최초의 별들을 찾아내지 못했고 이 별들의 수명이 이후에 만들어진 별보다 훨씬 짧다고 결론짓는다. 항성종족 Ⅲ의 별들은 아주 무거울 것이다. 즉 헬륨보다 무거운 원소가 없는 매질에서 태양질량의 수백 배 되는 별들이 태어났는데 이것들은 너무 무거워 오늘날까지 존재할 수 없었을 것이다.

여전히 활동 중인 항성종족 Ⅲ의 가장 작은 별조차 관찰할 수 없다면 반대로 이 별 중 일부가 아주 짧은 진화 끝에 방출한 엄청난 규모의 감마선 폭발을 탐지하는 것을 생각해볼 수 있다. 사실상 아주 무거운 별의 진화 모형을 통해 알 수 있는 것은 별이 태어난 지 수백만 년 후 핵이 붕괴해 블랙홀이 될 수 있다는 점이다. 여전히 별의 잔해로 둘러싸인 블랙홀은 가끔 빛의 속도에 가깝게 가속된 물질을 2개의 제트로 방출한다. 그리고 우주에서 가장 격렬한 에너지의 방출 과정이 일어난다. 첫 번째는 신속 방출이다. 이것은 제트의 내부에서 발생하는 엄청난 충격을 해소하면서 주로 감마선 영역에서 나타난다. 두 번째는 잔류 방출이다. 이것은 2개의 제트가 별 주변의 매질과 상호작용할 때 모든 파장대에서 만들어지며 이 방출로 인한 빛은 신속히 약해진다.

감마선 폭발은 아주 밝은 빛을 내므로 천체물리학자들은 가장 먼 우주 심지어 관측 가능한 우주의 끝에서 일어난 것도 포착할 수 있다. 닐 제럴스 스위프트(Swift) 우주망원경에 탑재된 두 망원경 중 하나는 감마선 영역을 관측하고 다른 하나는 X-선 영역을 관측하는데 이들 망원경을 통해 2009년 4월 23일 GRB 090423이라는 감마선 폭발의 신속 방출이 포착되고 이것이 어떤 방향에서 왔는지 정확히 측정할 수 있었다. 그 덕분에 영국의 천체물리학자 니얼 탄비어(Nial Tanvir)의 국제 연구팀은 VLT(Very Large Telescope, 초거대망원경)를 이용해 잔류 방출의 스펙트럼을 관측하였다. 탄비어와 동료들은 이 스펙트럼을 연구하여 GRB 090423의 적색편이를 계산한다. 그 값(z = 8.2)은 이 감마선 폭발이 이제껏 관측된 것 중 가장 멀리에서 온 것임을 뜻한다. 이 폭발을 일으킨 무거운 별은 암흑기 이후 재이온화 시기가 끝난 뒤 바로 소멸했다.

참조항목

44쪽 암흑기 | 137억 년 전
49쪽 알려진 가장 오래된 별의 탄생 | 136억 년 전
72쪽 맨눈으로 보이는 감마선 폭발 | 77억 년 전

최초의 은하단 탄생

126억 년 전

10억 살이 된 우주에 거대한 은하단이 생겨난다. 천문학자들은 아주 멀어서 시간적으로도 오래된 곳을 바라보며 은하단이 잉태되는 것을 관측한다.

•

차가운 암흑물질 모형에 기초한 디지털 시뮬레이션을 확인한 많은 천체물리학자는 우주의 진화가 '상승적' 접근법을 따른다고 말한다. 이처럼 우주의 역사에서는 시간이 갈수록 점점 더 무거운 구조가 출현한다. 따라서 가장 무거운 은하단은 '원시은하단'의 후예일 것이다. 원시 은하단은 처음에는 가장 작은 것들이, 다음으로는 가장 무거운 것들이 모이는 위계적 방식으로 뭉쳐진 원시은하의 집합체이다. 또 원시은하단에는 '활동 핵' 은하들이 있을 가능성이 높다. 활동성을 가지는 이유는 원시은하단 중심부에 초거대질량블랙홀이 있기 때문이다. 블랙홀은 주변 성간물질을 운집시켜 모든 스펙트럼 대의 풍부한 빛을 방출한다.

심우주의 한 구석, 암흑물질과 중입자 물질이 풍부한 매질 안에 마침내 거대한 구조가 생겨나 수많은 은하를 거느리는데 이 은하들도 원시은하의 연속적 병합으로 생긴 것이다. 이 원시은하단은 적어도 태양질량의 4천억 배의 무게를 지녔으며 4천만 광년이 넘는 거리에 펼쳐져 있다. 이 광대한 구조 안에 있는 은하들은 밀도가 높아서 무수한 융합을 통해 폭발을 일으키며 별을 만든다. 이 원시은하단은 수많은 은하를 거느리고 그 은하 안에서 젊고 무거운 별들이 폭발적으로 탄생하는 것이다. 그중 어떤 은하의 중심부에는 초거대질량블랙홀이나 활동은하핵이 형성되기에 유리한 조건이 조성될 수 있다.

미국의 피터 케이팍(Peter Capak)이 이끄는 천체물리학 연구팀은 같은 적색편이 값(z = 5.3)을 가지는 활동은하핵을 찾아내던 중 2011년 육분의자리(Sextans) 방향에서 문제의 원시은하단을 발견한다. X-선 영역에서 풍부한 빛을 내는 것으로 알려진 활동은하핵을 찾아내기 위해 케이팍과 동료들은 찬드라(Chandra) 우주망원경을 이용해 X-선 영역의 전천탐사를 하기로 한다. 그 후 이들은 다른 망원경을 통해서도 같은 작업을 함으로써 내부에서 별이 폭발적으로 만들어지는 은하를 찾아내고자 했다. 이들은 결국 허블(Hubble) 우주망원경을 포함한 망원경들을 이용하여 찾아낸 모든 지점을 하나씩 조사하여 각 은하의 적색편이를 계산한다.

참조항목

44쪽 암흑기 | 137억 년 전
46쪽 거대 구조 형성 | 137억 년 전
74쪽 우리의 초은하단, 라니아케아 | 68억 년 전
244쪽 슈바르츠실트 반지름 | 1916년

우주, 성년이 되다
118억 년 전

겨우 20억 살이 된 우주는 우리가 21세기에 알고 있는 모습에 가깝다. 허블 우주망원경으로 촬영된 심우주의 이미지가 그것을 보여준다.

•

빅뱅이 있고 20억 년 후 우주는 진화의 주요 단계를 이미 끝마쳤다. 인간의 발달 단계와 비교하자면 우주는 청소년기를 벗어나 성인이 되었다고 할 수 있다. 우주의 큰 구조는 이미 잘 배치되어 있으며 전체 모습은 수천억 개의 은하로 구성된 결절이 아주 많은 섬유질의 그물망 구조이다. 저 옛날에도 우주의 전체 모습은 거의 맨눈으로도 보일 만큼 변하고 있었다. 수억 년 만에(천문학 시점으로는 매우 짧은 기간) 우주의 모습은 우주배경복사 관측으로 드러난 음울한 단색 배경에서 GOODS전천탐사 지도를 통해 볼 수 있는 잡동사니가 펼쳐진 유쾌한 저잣거리의 모습으로 바뀌었다. 이제 우주의 진화는 우리의 우리 은하처럼 각 개체의 수준에서 조금씩만 변하는 양상으로 나타난다.

우리 영토의 고대 모습을 설명하기 위해 역사가들은 희귀 문서를 이용할 수밖에 없다. 고고학자들의 경우 자료가 더 부족하므로 여기저기서 수집한 희귀한 조각만 사용할 수 있다. 그러나 천체물리학자들은 우주가 과거의 어떤 시기에 무엇을 닮아있는지 '볼' 수 있다. 이들에게 필요한 것은 밤하늘의 주어진 영역에서 주어진 거리에 있는 천체를 모두 골라내는 것뿐이다. 사실상 빛은 정해진 속도로 움직이기 때문에 공간에서 어떤 거리에 위치한다는 것은 과거의 어떤 시기에 존재한다는 것이나 마찬가지이다. 그러나 관측 영역은 우리은하에서 극도로 밝은 별들이 없는 구역으로 제한해야 한다. 과도히 밝은 빛은 밤하늘의 먼 배경으로 달아나고 있는 더 약한 빛을 내는 물체를 관측하기 어렵게 만들 수 있기 때문이다.

이러한 목적으로 허블 우주망원경을 이용한 연구를 관리하기 위해 NASA가 세운 기관인 우주망원경 과학연구소(Space Telescope Science Institute)의 천체물리학자들은 남쪽 하늘의 화로자리(Fornax)에서 아주 작은 영역을 골라 '허블 울트라 딥 필드(Hubble Ultra Deep Field)'라 명명했다. 이 영역을 허블 우주망원경으로 수백 시간 동안 여러 번 촬영해 이제 막 성년이 된 우주의 초상을 자세히 그려내는 데 성공한다. 근적외선 카메라를 사용하자 복사가 지나치게 적색으로 치우쳐 가시광선에서만 작동하는 망원경으로는 탐지할 수 없을 은하까지도 드러났다. 결과적으로 약 1만 개의 은하를 포함하는 이미지를 완성했다. 이 은하들은 이미 잘 자리 잡고 있으나 대부분이 아직은 유년기에 속한 어린 은하이다.

참조항목

69쪽 우리은하의 원반 형성 | 88억 년 전

허블 울트라 딥 필드. 허블 우주망원경에 탑재된 여러 대의 카메라로 2003~2012년 기간 동안 수백 회 촬영한 것을 조합해 완성했다. 이 이미지가 망라하는 영역은 극도로 작은데 20 m 떨어진 거리에서 본 우표 한 장이 커버하는 영역과 같다.

헤라클레스 성단 형성

117억 년 전

원시 은하들이 융합하며 생긴 폭발로 별이 탄생하고 이런 별이 수십만 개 모여 성단이 형성된다. 그중 하나인 헤라클레스 대성단은 천문학 애호가들의 사랑을 한 몸에 받고 있다.

●

우리은하 은하수도 공통원리에서 벗어나지 않는다. 비슷한 크기의 다른 구조처럼 우리은하의 형성도 빠르고 격렬하며 원시 은하들이 연속적으로 융합되어 점점 커지는 방식으로 이뤄진다. 두 원시은하가 융합되기 시작하면 상호침투로 인해 어린 두 은하를 가득 채운 성간운도 쉽게 합체한다. 이런 충돌로 인한 폭발로 별이 만들어지고 수십만 개의 별이 모인 거대한 성단이 형성된다. 가장 무거운 별들은 빠른 진화의 희생양으로 신속히 무대에서 사라진다. 하지만 가장 작은 별은 수가 많고 수명이 우주의 현재 나이보다 길어서 모두 오늘날까지 빛나고 있다. 이 별들이 모인 성단은 중력으로 긴밀히 묶여있어 둥근 모양을 띠므로 구상성단이라 한다.

천문학 애호가들을 즐겁게 하는 가장 유명한 구상성단 중 하나는 바로 헤라클레스(Hercules) 대(大)성단이다. 에드먼드 핼리(Edmond Halley)는 1714년 이 성단을 발견하고 달이 없이 맑게 갠 밤에 이것을 맨눈으로 볼 수 있다고 기록한다. 위대한 혜성 추적자로 명성이 자자했고 루이 15세에게서 '혜성들의 흰족제비'라는 별명을 얻었던 샤를 메시에

(Charles Messier)는 1764년 6월 이 성단을 그의 유명한 성표에 넣는다. 메시에 성표라 불리는 이 성표는 혜성으로 오인되기 쉬운 산만한 모습의 고정된 천체를 망라한 것이다. 그 후 모든 천문학자와 천문학 애호가들은 헤라클레스 대성단을 '메시에 13(M13)'이라는 이름으로 알고 있다. 태양으로부터 2,000광년 떨어져 있는 메시에 13은 약 100만 개의 별이 모여 반지름 80광년 정도인 작은 구 형상을 이루고 있다. 이처럼 M13 중심부의 별 밀도는 태양 근처의 별 밀도보다 수백 배 높다.

20세기 후반 미국의 전파천문학자 프랭크 드레이크(Frank Drake)를 필두로 하는 과학자들은 우주 다른 곳에 지능을 가진 생명체가 여러 형태로 살고 있다고 확신한다. 1974년 잠재적 외계 문명과의 최초 접촉을 위해 드레이크는 미국 천문학자 칼 세이건(Carl Sagan)과 함께 거대 전파망원경 아레시보(Arecibo)를 이용해 우주로 전파 메시지를 보내는 작업을 시도한다. 드레이크와 세이건은 메시에 13을 향해 이 메시지를 보내기로 한다. M13은 가까운 우주에서 수명이 긴 별들이 가장 많이 모여 있는 곳이며 그곳에 보내면 지능을 가진 어떤 생명체가 메시지를 받을 확률이 높을 것이기 때문이다.

참조항목

46쪽 거대 구조 형성 | 137억 년 전
69쪽 우리은하의 원반 형성 | 88억 년 전

메시에 13의 모습. M13은 10만 개 이상의 별이 모인 성단으로 150광년에 걸쳐 뻗어 있고 태양으로부터 2만 광년 떨어져 있다.

우주가 3배 더 뜨거워지다

108억 년 전

먼 우주 배경의 은하핵이 먼 은하의 가스구름에 흩어져 있는 일산화탄소 분자를 자극한다.

•

빅뱅 이후 30억 년이 흘렀다. 우주는 이제 지금 모습과 아주 비슷하다. 은하는 모두 우주배경복사 안에 잠겨 있다. 그리고 우주배경복사는 우주가 자신의 복사로 투명해진 후부터 온 우주를 에워싸고 있다. 오늘날과 마찬가지로 많은 은하가 가스로 이뤄진 거대한 성간운을 품고 있다. 이 성간운에는 별들의 과거 활동에서 발생한 탄소나 산소 같은 원소가 풍부한데 이 원자들은 계속 결합하여 이제 일산화탄소 분자가 되기만을 바란다.

원자처럼 분자도 바닥 상태에서 고에너지 상태로 바뀔 수 있다. 원자의 전기 에너지 준위와 비슷한 전기 에너지 준위에 진동 에너지 준위 같은 분자만 가지는 다른 에너지 준위가 추가된다. 진동 에너지 준위가 생기는 이유는 분자를 이루고 있는 원자 간 결합이 경직되어 있지 않아 원자들이 서로 쉽게 진동하기 때문이다. 그러므로 분자를 높은 에너지 준위로 전이시키려면 약간의 에너지만 있으면 된다.

우주배경복사를 이루는 에너지가 거의 없는 광자라도 일산화탄소 분자를 들뜬 상태에 이르게 할 수 있다. 좀 더 높은 에너지 준위에 도달한 성간운 속 일산화탄소 분자들은 이 에너지 준위에 전달된 복사를 주어진 파장으로 흡수한다. 퀘이사처럼 아주 밝은 활동은하핵이 내는 빛은 관측자에게 도달하는 조준선을 따라가다가 활동은하핵 앞에 있는 은하의 성간운을 차단한다. 이때 앞쪽 은하의 스펙트럼에는 같은 파장의 흡수선이 생기는데 이 흡수선은 문제의 은하를 둘러싼 우주배경복사로 인해 들뜬 상태가 된 일산화탄소가 만든 것이다.

우주의 팽창 효과로 인해 흡수선은 오늘날 적색으로 치우쳐 보인다. 천체물리학자들은 어느 시기에 빛이 흡수되었는지 그리고 관련된 일산화탄소 분자가 어떤 수준의 들뜬 상태에 있는지 측정할 수 있다. 이렇게 일산화탄소가 멀리 있는 퀘이사의 빛을 흡수할 때의 우주 온도를 계산할 수 있게 된 천체물리학자들은 팽창이 시작된 지 30억 년 후 우주의 온도가 오늘날 온도의 3배임을 확인한다. 이것은 빅뱅이론을 지지하는 눈부신 증거이다.

참조항목

17쪽 빅뱅 | 팽창의 시작
39쪽 우주가 투명해지다 | 팽창 시작 38만 년 후

별의 생성이 가장 활발한 시기

100억 년 전

우주의 별 생성률이 최대치에 이른다. 가장 무거운 별들은 거의 모든 자연 원소로 이뤄진 핵에 풍부히 함유된 대량의 가스를 방출한다.

•

우주의 전체 모습은 거대 구조들이 출현한 이후 크게 변하지 않았다. 반면 은하의 사정은 전혀 달라서 여전히 평형상태에 도달하지 않았다. 이 평형상태란 종종 불안정하며 기나긴 우주의 역사 속에서 조금 늦게 이뤄지기도 한다. 은하의 형성 이후에 관한 자료를 얻기 위해 천체물리학자들은 은하가 내는 빛에 의지할 수밖에 없다. 그런데 그들이 관측하는 은하가 원시적일수록 은하가 내는 빛은 적색으로 치우쳐 나타나고 학자들은 적외선 망원경에 의지할 수밖에 없다. 그런데 적외선 영역에서는 2가지 과정이 결합해 관측을 방해한다. 첫째, 지구 대기는 아주 드문 스펙트럼 대의 적외선만 통과시킨다. 둘째, 망원경이 적외선 대에서 내는 열성(熱性) 잡음이 우주 신호를 방해한다.

이 2가지 약점을 보완하기 위해 천체물리학자들은 허셜(Herschel) 우주망원경처럼 극저온으로 냉각된 망원경을 사용한다. 허셜은 유럽우주국(ESA)의 거대망원경으로 초점면이 거대한 저온 유지 장치(커다란 보온병과 유사함) 안에 들어있는데 이 장치는 망원경을 극저온(4 K)상태로 유지해준다. 이처럼 천체물리학자들은 많은 데이터를 활용해 은하의 생성과 진화에 대한 이해를 개선해나가고 있다. 2014년 이 새로운 결과들을 이론적 모형의 틀로 검토한 한 논문에서 미국의 천체물리학자 피에로 마다우(Piero Madau)와 마크 디킨슨(Mark Dickinson)은 우주에서 별의 생성률이 정점에 달한 시기는 약 100억 년 전이라고 말한다.

은하 간 충돌이 여전히 자주 일어나서 그로 인한 별의 탄생도 왕성해진다. 수명이 10억 년 이하인 가장 무거운(태양질량의 몇 배가 넘는) 별들은 신속히 진화의 끝에 도달한다. 이때 이 별들은 핵에서 갓 합성한 엄청난 양의 원소들을 성간 매질 속으로 방출한다. 여기에 초신성이 폭발할 때 만들어진 원소도 더해지는데 초신성 폭발은 가장 무거운 별과 쌍성계의 어떤 별들의 소멸을 의미한다. 점차 은하계 안에서는 별의 용광로를 빠져나온 새로운 원소들로 가득한 가스와 이런 원소들이 없는 은하 간 매질에서 온 가스 사이의 평형이 이뤄진다. 별의 생성은 줄어들고 원소들의 상대적 비율은 마침내 21세기의 측정값(질량)에 가깝게 고정되는데 수소 74 %, 헬륨 24 %, 그리고 기타 원소들의 합이 2 %를 차지한다. 기타 원소 중 산소가 가장 많고 다음으로 탄소, 네온 그리고 철이 뒤를 잇는다.

참조항목

17쪽 빅뱅 | 팽창의 시작
49쪽 알려진 가장 오래된 별의 탄생 | 136억 년 전
182쪽 별의 폭발과 죽음 | 기원전 4500년

우주와 우주상수

97억 년 전

21세기 물리학자들은 먼 옛날 우주에 퍼져 있던 원소들을 통해 미세구조상수가 100억 년 전부터 변하지 않았다는 것을 알게 된다.

•

물리학자에게 상수란 우주 어디에서나 같고 시간이 흘러도 변치 않는 측정 가능한 양을 말한다. 가장 유명한 물리 상수 중 하나가 바로 빛의 속도이다. 1905년 알베르트 아인슈타인(Albert Einstein)이 관찰자와 광원의 속도가 어떠하든 빛의 속도는 불변임을 규정할 때 광속은 물리학의 한 축으로 인정된다. '신속함'을 뜻하는 라틴어 셀레리타스(celeritas)에 근거해 문자 c로 표시되는 이 보편 상수는 여전히 거리 나누기 시간을 뜻하는 속도이며 그 값은 속도를 표현하기 위해 선택된 단위 체계에 달려있다. 물리학자들은 빛의 속도라는 상수에 큰 신뢰를 보이며 1983년부터 국제단위체계 미터를 이 보편 상수에 근거해 정의하기로 했다.

어떤 물리학자들은 그 값이 모든 단위 체계와 별개인 물리 상수만이 '기본' 상수라는 명칭에 합당하다고 생각한다.

미세구조상수(기호는 α)가 이 기본상수에 해당하는데 이 상수는 전자기적 상호작용에 관여한다. 원자 안에 있는 전자의 에너지 준위에 대한 정의에도 개입하는 이 상수 α는 원소들이 빛을 흡수하는 순간부터 개입한다. 빅뱅이 있고 40억 년 후 별 탄생은 정점에 이른다. 별의 핵에서 만들어진 많은 원자핵이 우주 전체로 퍼져나간다. 이때 많은 원자가 아주 밝은 퀘이사 방향의 조준선을 차단한다. 그 결과 퀘이사의 스펙트럼에 흡수선이 나타나는데 이 흡수선은 상수 α가 개입하는 물질과 복사 간 상호작용의 흔적이다.

그리하여 이 기본상수가 정말 시간이 흘러도 불변인가를 확인할 수 있는데 이 문제는 끈 이론 같은 일부 이론모형에서도 의심했던 점이다. 이것을 확인하기 위해 인도의 천체물리학자 험 찬드(Hum Chand)와 2명의 프랑스인 동료는 2004년 퀘이사 18개(적색편이 중앙값 z =1.55)의 스펙트럼을 분석한다. 이것은 칠레의 파라날(Paranal)산 정상에 세워진 VLT의 거대망원경 중 하나인 퀘옌(Kueyen)에 탑재된 최첨단 분광기 UVES를 이용해 관측되었다. 그로부터 찬드와 동료들이 얻어낸 결론은 지난 100억 년 동안 상수 α 값이 100만 분의 1까지 같다는 것이었다. 끈 이론은 다른 논점을 기다려야 할 것이다.

참조항목

14쪽 다중우주 | 빅뱅 이전
17쪽 빅뱅 | 팽창의 시작
116쪽 천연 원자로 | 20억 년 전
182쪽 별의 폭발과 죽음 | 기원전 4500년

우리은하의 원반 형성

88억 년 전

우리은하(은하수)를 속박하는 암흑물질의 거대한 헤일로는 중입자 물질을 모아 아름다운 나선형 구조를 가진 회전하는 얇은 원반을 만든다.

●

비슷한 크기의 별들이 모인 여러 집합체처럼 우리 우리은하도 초고밀도 원시 우주에서 나온 암흑물질 덩어리인 원시 은하들이 연속적으로 병합되어 만들어진다. 이 원시 은하들은 수소와 헬륨 가스 형태의 중입자 물질도 포함하고 있다. 융합 과정에서 암흑물질은 변방에 정체되어 있다. 이 암흑물질은 거대한 구형의 헤일로(halo)로 반지름이 20만 광년이고 질량은 대략 태양질량의 1조 배에 달한다. 헤일로 내부로 끌려온 중입자 가스는 납작해져 거대하고 얇은 원반 모양을 띠고 스스로 회전한다. 원반의 지름은 약 10만 광년이고 두께는 약 1,000 광년이다. 그 속에 수천억 개의 별과 가스 성간운이 있는데 이 성간운에서 별이 집중적으로 탄생한다.

우리은하 원반의 가장 큰 특징은 아름다운 나선형 구조이다. 그런데 은하의 원반은 우리가 아는 CD처럼 통째로 회전하지 않는다. 그렇다면 이 나선팔 구조가 어떻게 지속될 수 있을까? 사실상 나선팔은 물질적 실체가 아니다. 이것은 고밀도의 파동이 지나간 결과 나타난다. 이 파동은 '밀도파(density wave)'라는 현상을 만들어내는데 통행량이 많을 때 고속도로를 따라 퍼져나가는 교통체증 현상과 비슷하다. 정체된 부분에 차량이 많이 몰리는 것처럼 밀도파가 지나갈 때 성간 기체가 밀집되어 별이 많이 만들어진다. 이때 파동이 지나간 자리에 화환 무늬의 별들이 남는데 그중 가장 무거운 별은 순간적으로 강렬한 빛을 뽐낸다. 원반 중심부(우리은하 중심에서 확인되는 막대 같은 것)의 비대칭이 밀도파를 유발한다.

아름다운 나선 구조로 장식된 원반이 만들어지는 것은 우리은하에만 있는 일은 아니다. 거의 같은 시기에 무수한 은하들이 비슷한 진화 과정을 거친다. 18세기부터 천문학자들은 하늘에서 다소 납작하고 희끄무레한 영역을 찾아낸다. 이것은 원반형 은하의 가장 밝은 부분이다. 1755년 독일의 철학자 임마누엘 칸트(Emmanuel Kant)는 우주를 별들의 집합체로 묘사하며 이 집합체는 거대한 우주공간에서 나왔고 태양이 속해있는 별의 집합체와 유사하다고 한다. 그는 또 이 계는 틀림없이 정면에서 보면 원형이고 측면에서 보면 타원형일 것이라고도 한다. 이처럼 칸트는 이름을 붙이진 않았지만 '섬우주(island universe)'라는 개념을 도입한다. 섬우주는 칸트로부터 겨우 한 세기 후 독일의 지리학자 알렉산더 폰 훔볼트(Alexander von Humboldt)가 만든 용어이다.

참조항목

46쪽 거대 구조 형성 | 137억 년 전

우리은하의 모습. 스피처(Spitzer) 우주망원경을 통해 적외선 관측자료를 이용하여 2008년에 만들어졌다. 이 이미지를 통해 우리은하가 SBc 유형 즉 나선팔이 많이 열려 있는 막대나선은하임을 확인할 수 있다.

맨눈으로 보이는 감마선 폭발

77억 년 전

관측 가능한 우주에서는 매일 무거운 별 100만 개의 핵이 붕괴한다. 그러나 천 번 중 한 번에서만 거대한 감마선 폭발이 일어난다.

●

질량이 큰 별은 핵이 붕괴하여 광속에 가까운 속도로 가속된 물질을 양극화된 2개의 제트 형태로 배출하는데 이 제트가 마침내 별의 지각층을 뚫을 때(약 1,000분의 1의 확률로) 감마선 폭발이 발생한다. 이 명칭은 이렇게 분출된 물질 안에서 생기는 복사 다발에서 비롯된 것인데 이 복사 다발에는 X-선과 가시광선도 있으나 특히 감마선이 아주 풍부하다.

폭이 아주 좁고 매우 강렬한 이 2개의 제트 다발은 우주 전체로 퍼져나간다. 그런데 이 다발은 출구 각이 아주 작으므로 겨우 1,000분의 1의 확률로 어느 날 지구에 도달한다. 요약하자면 우주에서는 매일 1백만 개는 족히 되는 무거운 별이 붕괴하고 이렇게 붕괴할 때마다 1,000번 정도의 감마선 폭발이 발생하며 그중 하나만 지구에 도달한다. 밤하늘 전체를 단번에 조사한다고 쳐도 관찰자는 기껏해야 매일 한 두 번의 감마선 폭발만 발견할 수 있다. 만일 관찰자가 다발의 축 즉 제트가 가장 활성을 띤 곳에 있다면 폭발이 훨씬 강력하게 감지된다. 물론 그곳에 있을 확률은 아주 희박하다. 1년에 한 번도 안된다.

먼 은하에서 무거운 별의 핵이 붕괴한다. 그로 인해 2개의 복사 다발이 방출되어 그중 하나가 75억 년쯤 지난 후 지구에 도달한다. 2008년에 관측된 이 사건은 GRB 080319B로 명명되었고 강력한 감마선 폭발로 알려진다. 천체물리학자들은 심지어 광대역 망원경을 통해 가시광선 영역에서 이것을 찾아낼 수 있었다. 당시에는 이 빛이 너무 강렬해서 적당한 시간 적당한 장소에 있었다면 맨눈으로도 볼 수 있었을 것이다. 이 사건은 우주의 나이가 겨우 60억 년일 때의 일이다.

감마선 폭발에서 엄청난 빛이 나오는 걸 보면 가장 무서운 재앙 시나리오를 상상할 수 있다. 예를 들어 GRB 080319B 유형의 사건이 태양으로부터 1만 광년이 채 안 되는 거리에서 일어나고 두 제트 중 하나가 태양계를 정면 타격한다. 이때 우리의 가여운 지구는 히로시마에 던져진 것 같은 핵폭탄 수백만 개가 내뿜는 에너지만큼 얻어맞는다. 이렇게 거대한 에너지로 인해 재앙이 계속되는데 하나하나가 이루 말할 수 없이 파괴적이다. 지구를 보호하는 오존층이 돌이킬 수 없이 부풀어 오르고 엄청난 충격파가 대기의 가장 깊은 층까지 맹위를 떨치며 대규모 화재가 지구 곳곳에 일어나고 거대한 폭풍이 지나는 모든 곳을 휩쓸어버린다.

참조항목

53쪽 원시별의 재앙적 소멸 | 132억 년 전

우리의 초은하단, 라니아케아

68억 년 전

우리은하는 마침내 라니아케아를 이룬다. 국부 초은하단 라니아케아는 중력을 가진 층이어서 우리가 있는 우주의 조그만 귀퉁이에 흩어진 은하와 은하단이 이것을 향해 흘러간다.

•

은하는 대부분 빅뱅이 있은 지 20억 년이 조금 못 되어 형성되는데 이것들이 우주에 아무렇게나 분포된 것은 아니다. 우주를 구성하는 벽돌인 은하들은 서로 모여 광막한 공(空)을 얽어매는 필라멘트와 얇은 잎사귀 모양의 거대 그물망 구조를 이룬다. 이처럼 은하가 만들어지기 시작할 때 우주에 분포된 물질은 대부분 암흑물질이다. 투명해져서 가장 균질적인 상태가 된 우주는 암흑기 내내 빠르게 진화하여 물질로 이뤄진 거대한 공(空)을 이루고 공의 가장자리에 있는 초고밀도 영역은 중력 층을 만들어낸다.

지표면의 물이 유역으로 모여들어 강과 지류로 흘러가듯 은하와 은하단은 우주의 그물망 구조로 모여들어 이 구조의 매듭 부분에 '초은하단'을 형성한다. 이 용어는 프랑스 천체물리학자 제라르 드 보쿨뢰르(Gérard de Vaucouleurs)가 처음으로 사용했으며 오늘날 알려진 우주의 가장 광대한 구조물을 가리킨다. 표면 수리학(水理學)에서 분수령은 2개의 유역이 뚜렷이 나뉘는 기점이다. 마찬가지로 천체물리학에서도 2개의 중력 층을 나누는 분수령은 두 초은하단의 경계가 된다. 은하계에서 이러한 경계를 찾아내려면 각 은하가 흐르는 속도를 계산해야 하는데 이를 위해서는 관측된 후퇴 속도에서 우주 팽창의 기여분을 빼주어야 한다.

2014년 4인의 천체물리학자, 미국의 리처드 브렌트 툴리(Richard Brent Tully), 프랑스의 엘렌 쿠르투아(Hélène Courtois)와 다니엘 포마레드(Daniel Pomarède), 그리고 이스라엘의 예후다 호프만(Yehuda Hoffman)은 '라니아케아(Laniakea, 하와이어로 '거대한 천상의 지평선'이라는 뜻임)'라 명명된 국부 초은하단의 크기, 구조와 역학을 정의한다. 우주가 현재 나이의 절반밖에 안 되었을 때 형성된 라니아케아는 5억 광년에 걸쳐 있으며 내포한 물질(모든 성질의 물질이 섞여 있음)의 질량은 대략 10경 태양질량이다. 라니아케아는 13개의 은하단을 포함하는데 이것들은 캘리포니아의 조지 아벨(George Abell)이 만든 목록에 들어있다. 이 은하단 목록은 팔로마(Palomar)산에 설치된 슈미트(Schmidt, 보정판이 있는 광대역 망원경)에 노출된 1,000장의 사진 건판을 토대로 만들어졌다. 라니아케아는 이전에 우리은하를 포함하는 처녀자리 초은하단으로 등록된 구조물을 포함한다. 지구를 우리 집이라 생각하면 태양계는 우리 동네, 우리은하는 우리나라, 라니아케아는 우리 대륙이 된다.

참조항목

44쪽 암흑기 | 137억 년 전
46쪽 거대 구조 형성 | 137억 년 전

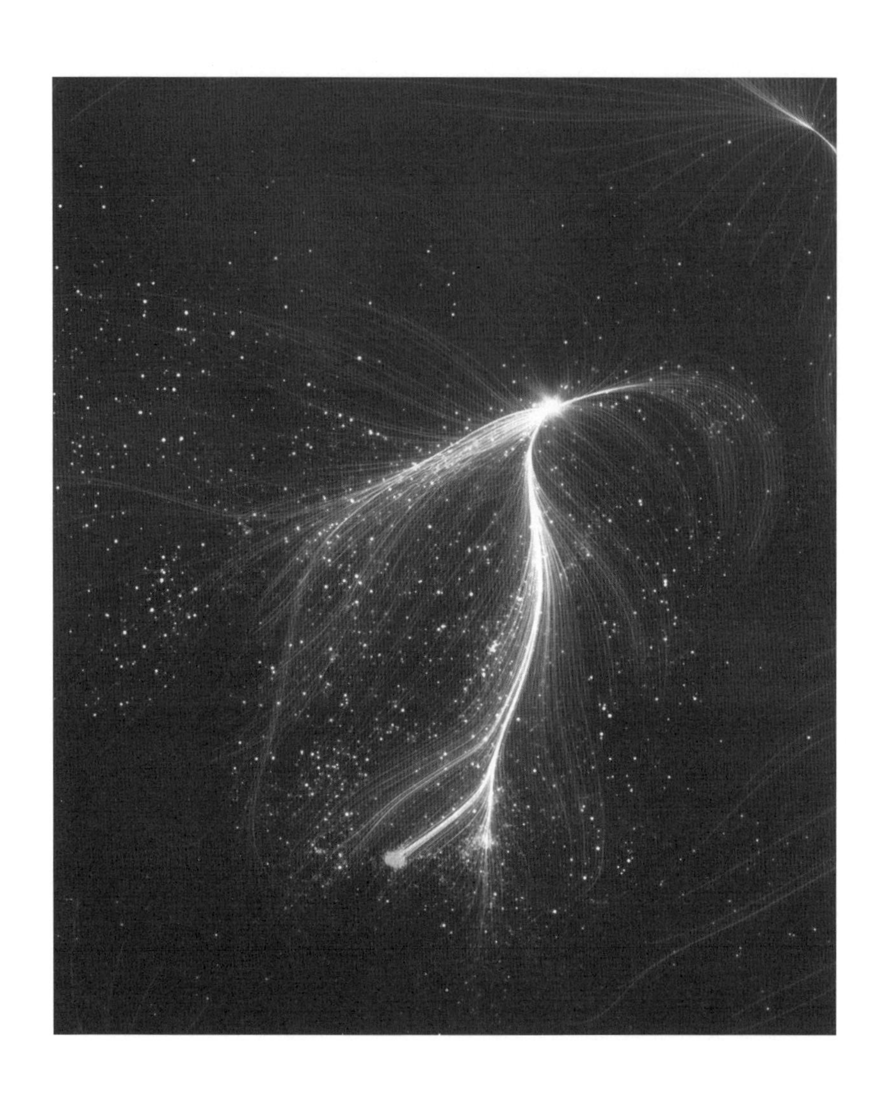

라니아케아의 모습. 우리은하가 속해 있는 초은하단이다.

국부은하군에서의 충돌

52억 년 전

국부은하군의 두 은하가 융합되는 과정에서 별들이 긴 띠 모양을 이루어 떨어져 나간다. 그중 일부는 다시 모여 2개의 왜소 은하를 이루고 우리은하를 향해 다가온다.

•

에드윈 허블(Edwin Hubble)이 1936년 채택한 '국부은하군'이라는 용어는 우리은하가 속해 있는 은하들의 집합체를 뜻한다. 겨우 60개의 은하를 거느린 국부은하군은 조촐한 규모의 은하단일 뿐이다. 국부은하군은 오늘날 약 1천만 광년에 거리에 펼쳐진 커다란 아령 모양을 하고 있다. 이런 모습을 띠는 이유는 국부은하군의 2개 주요 은하인 우리은하와 '메시에 31'로도 알려진 안드로메다 대성운과 관련이 있다. 이 둘은 각각 왜소 위성 은하계를 동반하고 있다. 국부은하군에는 나선 구조의 세 번째 은하, 일명 메시에 33이라고도 불리는 삼각형자리 은하도 포함된다.

국부은하군의 진화는 가장 큰 은하단의 진화만큼 격렬하다. 적어도 메시에 31에 새겨진 흔적에서 출발해 국부은하군의 과거를 재구성한 디지털 시뮬레이션에 따르면 그렇다. 실제로 빅뱅이 있고 50억 년 후 국부은하군은 미래의 우리은하 이외에 상당히 아름다운 은하 둘을 갖고 있는데 그중 하나는 다른 하나보다 3배 무겁다. 두 은하는 너무 가까워져 상호 중력의 그물에 사로잡힌다. 그리하여 둘은 이인무를 추기 시작하고 40억 년 후 충돌한다. 흔히 사용되기는 하지만 '충돌'이란 용어는 부적절하다. 왜냐하면 충돌하는 두 은하 각각에 위치한 별 사이의 거리가 너무도 멀어 정면충돌이 일어나지 않기 때문이다. 따라서 상호침투나 융합이라는 용어가 더 정확하다. 시뮬레이션으로 예측된 바에 따르면 융합 과정이 끝날 때 두 은하는 하나가 된다. 이것이 오늘날 '메시에 31'이란 이름으로도 알려진 안드로메다 대성운이다.

빅뱅이 있고 80억 년 이상이 흐르면 예견된 융합이 일어나는 중대 시기에 도달한다. 중력 효과에 따른 기조력(바다의 조수가 이런 종류의 힘으로 인해 생기는 데서 비롯된 명칭)은 별들의 기나긴 띠를 만든다. 이 별 중 일부는 진행 중인 융합의 결과 생겨난 거대한 새 은하의 세력권 안에 놓인다. 새 은하의 중력에서 벗어난 나머지 별들은 2개의 불규칙 은하를 형성하는데 이 둘은 우리은하에 가까워질 만큼의 속도로 움직인다. 천체물리학자들은 오늘날 '마젤란 성운'으로 알려진 이 두 왜소 은하가 우리은하의 위성 은하가 되었다고 말한다.

참조항목

17쪽 빅뱅 | 팽창의 시작
69쪽 우리은하의 원반 형성 | 88억 년 전
118쪽 안드로메다로 뛰어든 메시에 32 | 8억 년 전

2009년 허블 우주망원경으로 관측된 더듬이(Antennae) 은하의 모습. 나선 구조의 은하 둘이 충돌한 모습은 국부은하군의 은하 둘이 충돌, 융합되어 안드로메다 대성운을 이루는 과정을 연상시킨다.

우주 팽창이 가속되다

48억 년 전

급팽창 시기가 끝날 즈음 우주의 팽창 속도는 급격히 줄어드나 암흑물질의 확장 효과로 우주 팽창이 다시 가속된다.

•

어떤 별이 내는 빛은 거리의 제곱에 반비례한다. 몇 가지 유형의 천체들은 빛의 절대등급(천체가 내는 에너지의 총량)이 알려져 있다. 이때 간단한 교차곱셈법을 이용하면 이 천체까지의 거리를 계산할 수 있는데 그와 같은 천체를 '표준 촛불(standard candle)'이라 부른다. 천체물리학자들이 이런 용도로 사용하는 몇 가지 천체 중 선두에 선 것은 세페이드(Cepheid) 형 변광성이며 이것을 중점적으로 연구한 학자는 소마젤란성운을 연구하던 20세기 초 미국의 헨리에타 리빗(Henrietta Leavitt)이다. 심우주를 탐색하기 위해 천체물리학자들이 또 이용하는 것은 멀리 있는 천체의 적색편이(redshift)이며 이를 통해 주어진 우주 모형의 틀 안에서 천체의 거리를 계산할 수 있다.

그러므로 표준 촛불의 적색편이에 관한 연구는 여러 우주 모형을 구속하는 하나의 수단이다. 그런데 아주 먼 거리에서도 보이려면 상당히 밝은 촛불을 이용해야 한다. 20세기 말 일부 천체물리학자들은 핵융합 초신성이 제격이라고 생각한다. 둘 중 하나가 백색왜성인 쌍성계에서 가끔 조건이 맞으면 백색왜성이 동반성의 외부 층을 포획한다. 왜성의 질량이 찬드라세카르 한계(Chandrasekhar limit, 1.44태양질량)에 도달하면 총체적 핵융합 폭발이 일어나면서 초고온 물질을 방출한다. 질량이 같은 별들의 핵폭발로 생성된 핵융합 초신성들은 같은 절대등급의 빛을 내는 것으로 알려져 있으며 진정한 표준 촛불이라 할 수 있다.

두 그룹의 국제연구팀은 아주 먼 거리의 핵융합 초신성을 표준 촛불로 이용함으로써 이 초신성들이 모두 고전적 우주 모형의 틀 안에서 계산하고 예측했던 것보다 훨씬 멀리 떨어져 있음을 증명한다. 이 발견의 의미는 우주가 포함하는 모든 물질의 중력 효과로 인해 우주 팽창이 느려지지 않고 가속하고 있다는 점이다. 이 점을 발견한 미국의 우주론자 솔 펄머터(Saul Perlmutter)와 애덤 리스(Adam Riess) 그리고 호주 출신의 미국 학자 브라이언 슈미트(Brian Schmidt)는 2011년 노벨 물리학상을 수상한다. 오늘날 우주는 '암흑에너지'라는 형태의 에너지가 지배적이라고 생각되는데 암흑에너지가 가진 음의 압력이 밀어내는 힘으로 작동하는 것이다. 시간이 흐르면 팽창으로 인해 물질의 밀도는 감소하지만 반대로 암흑에너지의 밀도는 변하지 않는다. 급팽창이 있은 지 90억 년 후 암흑에너지는 이처럼 우주의 주요 구성요소가 되어 우주의 팽창은 다시 가속되기 시작한다.

참조항목

17쪽 빅뱅 | 팽창의 시작
26쪽 급팽창 | 팽창 시작 10^{-35}초 후
182쪽 별의 폭발과 죽음 | 기원전 4500년
242쪽 미스 리빗과 은하 간의 거리 | 1912년

PART 3

태양계의 출현

•

빅뱅이 있고 90억 년이 흘렀다. 약 2억 년 전 우주는 진화의 마지막 걸음을 뗐고 이때 암흑에너지가 우주의 주요 구성요소가 된다. 암흑에너지라는 신비의 존재는 이제 암흑물질과 '중입자' 물질이라 부르는 통상적 물질을 추월한다. 지금부터 우주의 역사는 우리 행성 지구의 탄생으로 이어지는 사건들로 점철된다. 이 역사는 라니아케아(Laniakea) 초은하단 변방의 국부은하군이라는 조촐한 은하단에 둥지를 튼 우리은하 안에서 펼쳐진다.

우리은하 변방의 한 행성계의 탄생을 소중히 그려내는 한편 우리는 외계에서 일어나는 굵직한 주요 사건들을 언급하는 것도 잊지 않을 것이다. 그런데 태양계에 초점을 맞추는 것은 학교에서 역사를 가르칠 때 우리나라 역사에 많은 분량을 할애하는 것과 비슷하다. 이번 장에 기록되는 사건 대부분이 대수롭지 않아 보일 수 있지만 바로 이 사건들이 태양계라는 우리 동네의 역사가 되고 우주에서 생명체를 수용할 수 있는 유일한 장소로 알려진 지구라는 우리 집의 역사가 된다.

그런데 이것이 태양계에 관해 장황히 설명하기 위한 충분한 이유가 될까? 1686년 베르나르 르 보비에 드 퐁트넬은 저서 『세계의 다원성에 관한 대화(Entretiens sur la pluralité des mondes)』를 발표하며 외계 생명체의 존재에 관한 끝없는 토론을 재점화시킨다. 오늘날 점점 더 많은 천문학자가 다른 행성들도 다양한 형태의 생명체를 수용할 수 있다고 생각한다. 미국의 과학자 칼 세이건은 증거의 부재가 부재의 증거는 아니라는 옛 격언을 이용해 역의 가능성, 즉 '우주에는 우리밖에 없다'는 말은 절대 증명될 수 없을 것이라 주장한다.

그럼에도 불구하고 지구가 진화해온 우주의 조그만 구석이 가장 큰 주목을 받기 마땅한 곳이라는 점에는 변함이 없다. 우리 태양계가 형성될 때 일어난 일련의 사건들은 천체물리학자들이 우리은하의 수많은 별 주변에서 발견한 다른 행성계의 형성 방식을 보여주는 좋은 예이다.

태양의 탄생

45억 7천만 년 전

우리은하 가장자리의 분자운 조각이 스스로 붕괴한다. 그 물질이 우리 태양이 되고 태양이 거느린 원반에서 태양계의 다른 천체들이 만들어진다.

•

우주의 거대 그물망 구조의 매듭 중 하나에 박혀 있는 국부초은하단 라니아케아(Laniakea)는 1만 개 이상의 은하를 품고 있다. 라니아케아 변방의 조촐한 은하군인 국부은하군은 60개가 넘는 은하를 거느리고 있으며 그중 가장 눈부신 은하 중 하나가 우리은하이다. 40억 년쯤 전 암흑물질로 이뤄진 우리은하의 무거운 헤일로는 이 섬우주에 별과 가스로 이뤄진 얇은 원반을 만들어 주었는데 이 원반의 가스를 이루는 물질은 수소와 약간의 헬륨 그리고 미미한 양의 온갖 다른 원소들이다. 전체적으로 농도가 아주 낮은(1 m^3당 원자 하나보다 적음) 이 가스는 이곳저곳에 농축되어 거대한 고밀도 성운이 된다. 먼지 분자와 알갱이들은 이 진정한 분자 구름을 혼탁하게 만들고 그중 어떤 분자운은 우리은하의 변방을 떠돌게 된다.

이 분자 구름 안에서도 우주공간 어디에서나 그렇듯 중력 상호작용이 일어난다. 갑자기 설명할 수 없는 이유로 이 구름 한 조각이 스스로 붕괴한다. 우리은하의 나선팔 구조를 만드는 밀도파 중 하나가 지나가서일까? 아니면 근처의 무거운 별이 폭발해서 생긴 충격파가 지나가서일까? 어떤 이유이든 이 작은 구형 조각은 자신의 무게로 인해 수

축해 원시별처럼 되는데 그 안의 중력에너지는 열로 변한다. 이 작은 구의 수축이 끝날 때 구의 핵의 온도는 점점 올라가서 핵융합 반응 주기가 시작되며 수소 융합을 일으킨다. 이렇게 엄청난 양의 에너지가 원시별에서 분출하며 막대한 양의 복사를 방출한다. 별이 하나 탄생한 것이다.

이 사건은 초당 수천 개의 별이 탄생하는 관측 가능한 우주에서는 대수롭지 않은 일이다. 하지만 인류에게는 결정적 전환점이 되는데 이 별이 언젠가 '태양'이라는 이름으로 알려질 것이기 때문이다. 같은 성운에서 태양의 자매 별인 다른 별들도 탄생한다. 그러나 시간이 흐르면서 별들의 고유 운동 때문에 이것들은 서로 멀리 흩어진다. 최종 수축 이전에 원시별은 먼지와 가스 원반의 헤일로로 둘러싸인다. 중심별의 폭발 덕분에 성운은 이제 무수한 작은 개체로 분해되었다가 조금씩 집적되면서 점점 큰 구조가 된다. 미래의 지구가 만들어지는 과정도 이와 같다. 21세기의 천체물리학자들은 이런 시나리오를 활용하여 계몽주의 시대 학자들이 지지했던 오래된 태양계 성운(solar nebula) 가설을 현대에 맞게 재해석한다.

참조항목

17쪽 빅뱅 | 팽창의 시작
69쪽 우리은하의 원반 형성 | 88억 년 전
74쪽 우리의 초은하단, 라니아케아 | 68억 년 전
80쪽 우주 팽창이 가속되다 | 48억 년 전
87쪽 태양은 핵융합 발전소 | 45억 7천만 년 전
163쪽 충격파가 대마젤란성운을 휩쓸다 | 기원전 16만 6000년

2003년 스피처 우주망원경을 통해 적외선 대에서 촬영된 코끼리 코(Elephant's Trunk) 성운의 모습. 이 성운에 있는 6개 정도의 원시별이 가장 빛나는 광점으로 나타나 있다.

태양은 핵융합 발전소

45억 7천만 년 전

여러 조건이 맞으면 어린 태양의 핵에서 핵융합 반응 주기가 유지된다. 이렇게 방출된 에너지는 수십억 년 동안 별을 빛나게 해준다.

●

어린 태양은 수축하다가 가스 덩어리가 되는데 이 덩어리는 온도가 아주 높아서 가스의 원자(주로 수소 원자)들은 전자구름을 빼앗기게 된다. 따라서 주변 매질은 원자핵(대부분 양성자)과 자유전자의 플라스마가 된다. 플라스마는 고체, 액체, 기체라는 잘 알려진 물질의 3가지 상태에 추가되는 네 번째 상태를 가리키는 말이다. 플라스마 상태는 우리 주변에서는 아주 보기 드문 것이다. 그러나 지구상에서 플라스마 상태는 일부 자연환경(고온의 불꽃, 번개)이나 산업 환경(가스방전등, gas discharge lamp)에 존재한다.

그러므로 어린 태양은 주로 플라스마 상태에 있는 것이다. 가장 뜨거운 곳은 중심부로 온도가 1천 5백만 K에 달한다. 중심부는 밀도 또한 가장 높아 1 cm^3당 100 g 이상이다. 온도와 밀도가 이렇게 높으므로 별의 핵에서는 핵반응 주기 즉 양성자-양성자 주기가 전개되는데 독일 출신의 미국 물리학자 한스 베테(Hans Bethe)는 1939년 이 주기를 3단계로 나누어 설명한다.

- 1단계: 고온 고밀도 환경에서 입자들은 격렬히 동요되고 2개의 양성자는 서로 바짝 붙는다. 같은 양전하를 띤 이 두 양성자는

터널효과를 이용해 상호 척력을 극복하는데 이 터널효과는 러시아계 미국 물리학자 조지 가모프(George Gamow)가 1928년에 정립한 아원자 세계의 특수성이다. 두 양성자는 이제 충분히 가까워져 초단거리에 미치는 강한 상호작용의 결과 서로 밀착된다. 이렇게 형성된 핵은 약한 상호작용이 없다면 곧바로 깨질 것이다. 약한 상호작용을 통해 두 양성자 중 하나가 중성자로 바뀌어 안정적 핵인 중수소가 된다.

- 2단계: 중수소와 또 다른 양성자가 만나 He^3의 핵(양성자 2개와 중성자 1개)이 만들어진다.
- 3단계: He^3 두 개가 융합하여 He^4(양성자 2개와 중성자 2개)를 생성하고 양성자 2개를 방출한다.

핵융합 주기의 결과물은 신속히 얻어진다. 처음에 수소 핵이 4개 있었고 마지막엔 He^4의 핵이 1개 있다. 이 He^4의 핵 하나는 결합된 4개의 양성자보다 조금 가볍다. 그런데 알베르트 아인슈타인(Albert Einstein)이 만든 가장 상징적이고 유명한 방정식인 $E = mc^2$을 설명하는 질량-에너지 등가의 법칙에 의하면 이 아주 작은 차이(0.7 %)가 엄청난 에너지를 의미한다. 필요한 에너지를 확보하려면 태양은 초당 5억 톤의 수소를 헬륨으로 바꾸어야 한다. 태양은 핵 속에 지닌 수소를 모두 이용해 수십 억 년 동안 같은 밝기로 빛을 낼 수 있다.

참조항목

84쪽 태양의 탄생 I 45억 7천만 년 전
240쪽 $E = mc^2$ I 1905년

행성들의 탄생

45억 7천만 년 전

태양을 둘러싼 원반에 흩어져 있는 먼지 알갱이들이 뭉쳐서 지름이 몇 km인 미행성 수천 개가 되고 이것들은 충돌과 강착(accretion)을 통해 점점 몸집을 키운다.

●

태양계 성운의 물질은 너무 빨리 회전하므로 형성 중인 태양에 합쳐지지 못하고 원반 모양으로 펼쳐져 있는데 이 원반은 중심부가 얇고 주로 수소와 헬륨의 혼합 가스로 이뤄져 있다. 또 이 원반에는 고체 상태 물질의 미세 결합체인 먼지 알갱이들이 흩어져 있다. 천체물리학자들은 이 원반을 태양으로부터 약 5 AU(천문단위) 떨어진 얼음동결선(frost line)이라는 경계 안쪽과 바깥쪽으로 나눈다. 이때 AU로 표시되는 천문단위(astronomical unit)는 태양계에서 사용되는 거리의 단위로 1 AU는 1억 4천 960만 km이다. 얼음동결선 밖의 원반은 너무 차가워서 물은 고체 상태가 된다.

침대 밑에서 먼지 뭉치가 만들어지듯 먼지 알갱이들은 조금씩 서로 달라붙는다. 이것들이 서로 뭉쳐서 1 m가 넘는 크기의 덩어리가 되면 중력이 작용해 1 km가 넘는 크기의 개체들이 형성된다. 이 미행성(planetesimal)중 가장 무거운 것들은 마침내 자신의 중력권 안에 존재하는 모든 것을 흡수한다. 이런 과정을 거쳐 만들어진 행성 배아의 질량은 태양에서 멀어질수록 증가한다.

얼음동결선 너머의 배아들은 상당히 무거워서(지구 질량의 몇 배) 원반의 가스를 끌어당겨 수소와 헬륨으로 무장할 수 있다. 이 가스층의 질량이 지구 질량의 100배를 초과하면 이 가스층은 두꺼워져 목성과 토성처럼 거대 가스형 행성의 대기가 된다. 반대의 경우 가스층은 흩어지고 휘발성 재료(얼음으로 잘못 알려진)와 암석으로 된 커다란 핵만 남는데 지구 질량의 15배쯤 되는 이 핵은 천왕성과 해왕성처럼 수소와 헬륨으로 둘러싸인다.

얼음동결선 안쪽 그리고 태양복사의 작용으로 가스가 조금씩 소실되는 매질에서 행성 배아들은 서로를 동요시킨다. 이 행성 배아들의 궤도가 길어지다가 서로 만날 수 있기 때문이다. 이것들이 상호작용을 계속하면 결국 미행성의 융합이 일어나거나 혹은 중력의 새총 효과로 인해 태양계 밖으로 쫓겨난다. 그 결과 살아남는 것은 4개뿐이다. 태양에서 가까운 순서로 말하자면 수성, 금성, 지구, 화성인데 천체물리학자들이 이 행성들을 지구형 행성이라 부르는 이유는 이것들이 지구처럼 주로 암석과 금속으로 만들어졌기 때문이다. 이 행성들은 거대 행성보다 크기는 아주 작으나 밀도는 훨씬 높다. 다른 별 주변에서도 지구형 행성 찾기가 활발히 이뤄지는데 미국의 케플러(Kepler) 우주망원경을 통해 2009년에서 2018년까지 관측한 결과 지구형 행성 몇 개가 발견되었다고 한다.

참조항목

255쪽 외계행성의 발견 | 1995년

소행성대의 형성

45억 6천만 년 전

화성과 목성 사이 궤도에 있는 미행성들은 목성의 중력 간섭으로 행성이 되지 못한다. 이것들이 바로 오늘날의 소행성대이다.

•

어린 태양을 둘러싼 가스와 먼지의 원반에서 거대 행성이 만들어지기 가장 좋은 위치는 얼음동결선 밖이다. 바로 그곳에서 원시 행성(미래의 목성)의 질량은 아주 빨리 증가한다. 2017년 발표된 독일 행성학자들의 연구에 따르면 원시 목성의 질량은 100만 년 이전에 지구 질량의 20배를 초과한다. 이후 300만 년 동안 원시 목성의 질량은 계속 커져 지구 질량의 50배가 된다. 거대 질량의 중력 효과 덕분에 원시 목성은 태양계에서 중요한 역할을 한다. 물질이 원시 행성 원반을 가로질러 옮겨지는 것을 원시 목성이 효과적으로 저지하기 때문이다. 그래서 태양계 안쪽에는 무거운 지구형 행성이 없다. 하지만 다른 별 주변에서는 슈퍼 지구(super earth) 같은 무거운 지구형 행성이 점차 많이 발견되고 있다.

원시 목성의 질량은 주변 가스를 합체시켜 계속 증가한다. 그런데 이 어린 목성은 이 가스의 잔여물과 중력 상호작용을 하며 조금씩 원반 안쪽으로 이동한다. 이때 화성과 목성 사이 내태양계에서 진화 중인 모든 미행성과 목성 간 궤도 공명(orbital resonance) 상황이 점점 심해진다.

그 결과 미행성들의 상대적 속도가 증가하고 그로 인해 충돌이 발생하면 미행성은 완전히 분해된다. 물론 미행성들의 합체로 만들어지는 행성 배아는 태양계 가장 안쪽에서 계속 형성될 수 있지만 화성과 목성 사이에서는 더 이상 어떠한 행성도 만들어질 수 없다. 그곳에 여전히 존재하는 미행성들은 소행성대를 형성해 원시 태양계의 목격자가 된다. 그런데 이 작은 천체들의 띠가 존재한다고 해서 파에톤(Phaeton)이라는 행성이 해체되었다고 할 수는 없다. 파에톤은 화성과 목성 사이에 존재했을 것이라고 19세기 사람들이 주장했던 가상의 행성이다.

우주 비행학 발전에 힘입어 이제 행성학자들은 소행성에 우주선을 보내 태양계의 원시 재료를 자세히 연구하고 그 표본을 가져오려고 한다. 2005년 일본의 우주 탐사선 하야부사(Hayabusa)는 조그만 소행성 이토카와(Itokawa)를 스쳐가며 그곳에서 입자를 채취하여 2010년 6월 지구로 가져왔다. 좀 더 최근인 2013년 미국 NASA는 소행성 회수 임무(ARM, Asteroid Return Mission)를 제안했다. 이것은 가까운 소행성 표면에서 큰 암석을 채취한 후 소행성을 안정적인 달 궤도에 올려놓아 우주비행사들이 그것을 자세히 연구하도록 하는 계획이다. 하지만 예산상 이유로 이 임무에 관한 연구는 2017년 중단된다.

참조항목

89쪽 행성들의 탄생 | 45억 7천만 년 전
257쪽 필레, 추리에 착륙하다 | 2014년

소행성대 구성원 중 하나인 루테시아(Lutetia)의 모습. 추류모프-게라시멘코(Tchourioumov-Guérassimenko) 혜성을 향해 날아가던 유럽 탐사선 로제타(Rosetta)가 2010년 이곳을 통과하며 관측했다.

달의 탄생

45억 1천만 년 전

이제 겨우 형태를 갖추기 시작한 미래의 지구는 커다란 행성 배아인 테이아와 충돌한다. 엄청난 충격으로 분출된 막대한 양의 물질이 뭉쳐져 달이 만들어진다.

•

진정한 행성으로서 즉 국제천문연맹(IAU, International Astronomical Union)의 규정에 부합하는 천체로서의 지구는 자신의 궤도 근처로 올 수 있는 모든 천체를 이미 제거했다. 단 지구-태양 체계의 두 라그랑주점 L4와 L5에 위치한 천체들은 제외된다. 라그랑주(Lagrange)점이란 이탈리아 피에몬테 출신의 프랑스 학자 조제프 루이 라그랑 주(Joseph Louis Lagrange) 업적을 기려 명명된 것이다. 하나가 다른 하나를 공전하는 무거운 천체 둘(예를 들면 태양과 어떤 행성)의 중력에 속박되는 작은 천체를 연구하던 라그랑주 백작은 1772년 두 무거운 천체의 중력장이 만들어내는 5개의 균형점을 발견한다. 작은 천체가 L1에서 L5까지의 이른바 '라그랑주점' 5개 중 하나에 놓이면 이것의 위치는 막대한 질량을 가진 두 천체의 위치에 고정된다.

여전히 형성 중인 지구의 먹이가 된 미행성 중 몇 개는 지구-태양 체계에서 가장 안정적인 2개의 라그랑주점 즉 L4와 L5 중 한 점을 안전한 은신처로 삼는다. 이것들은 일련의 융합을 거쳐 마침내 라그랑주점에서 행성 배아가 되는데 이것은 점점 커져 지금의 화성 크기가 된다. 이렇게 무거워진 '테이아(Theia)'라는 이름의 이 원시 행성은 다른 행성들의 중력 원조 덕분에 결국 자신이 생성된 균형점에서의 안정적 위치를 벗어나게 된다. 그리하여 테이아는 태양 주변에서 다소 혼란스러운 경로를 달리다 결국 지구와 충돌한다.

충격으로 갈라진 테이아는 주변으로 흩어진다. 주로 철로 이뤄진 테이아의 핵은 초기의 격렬한 충격으로 합체가 된 지구의 핵으로 뛰어든다. 충격이 있고 하루가 지난 뒤 미래의 지구는 충돌한 두 개체의 맨틀에서 나온 좀 더 가벼운 암석의 소용돌이에 휩싸인다. 몇 년 후 이 물질은 굳어서 지구로부터 2만 km 거리에 미래의 달을 형성하고 점차 멀어져간다.

테이아는 티탄족의 일원이자 달의 여신 셀레네의 어머니인 테이아의 이름을 따서 지은 것이다. 앞서 설명한 원시 행성 테이아의 사실 같지 않은 이야기는 영화 <세계가 충돌할 때(When Worlds Collide)>와 같은 재난 영화 속 사건이 아니다. 이것은 아폴로(Apollo) 임무를 맡은 우주비행사가 달 표면에서 채취해온 암석 표본을 분석해 1975년 제시된 달의 기원에 관한 가설을 뒷받침하기 위해 디지털 시뮬레이션을 통해 완성된 시나리오이다. 이 엄청난 충격은 지구의 회전축을 안정시킬 수 있는 커다란 위성 하나를 지구에 선물했으며 지구 생명체의 진화에 있어 결정적 역할을 한다.

참조항목

89쪽 행성들의 탄생 | 45억 7천만 년 전
297쪽 마지막 개기식 | 6억 년 후

토성 고리의 형성

45억 년 전

토성의 거대 위성 얼음 맨틀은 기조력에 의해 분해되고 무수한 덩어리가 되어 흩어진다. 덩어리 일부는 넓게 펼쳐져 그 유명한 고리를 형성한다.

●

태양계 행성들은 어린 태양을 둘러싼 먼지와 가스의 원반에서 만들어지기 시작한다. 같은 시기에 비슷한 원반이 거대 행성 주위에도 존재하는데 거대 행성이란 최초로 만들어진 행성들이다. 이 원반에서 만들어진 무거운 천체들은 이 거대 행성의 위성이 된다. 새로 탄생한 위성들은 매질에 남아있는 가스와의 중력 상호작용을 통해 그들의 모행성 쪽으로 천천히 이동된다. 지름이 약 5,000 km 되는 토성의 거대 위성의 경우가 그렇다. 타이탄(토성의 가장 큰 위성)과 비슷한 이 천체는 암석으로 된 핵과 그것을 둘러싼 얼음으로 된 두꺼운 맨틀로 구성된다.

만들어진 지 수천만 년 후 모행성을 향해 움직이던 이 거대 위성은 로쉬(Roche) 한계를 넘어선다. 로쉬 한계란 위성의 내부 응집력이 거대 모행성이 행사하는 중력 즉 기조력에 저항하지 못하는 기준점 이하의 거리를 가리킨다. 로쉬 한계에서 토성의 중심까지의 거리는 토성 반지름의 2배 반 정도이다. 로쉬 한계라는 명칭은 19세기 중반 이 과정을 방정식으로 만든 프랑스 천문학자 에두아르 로쉬(Édouard Roche)에서 비롯되었다. 강력한 기조력 때문에 일그러진 얼음 맨틀은 부서져 가루가 된다. 더 견고한 암석의 핵은 계속 이동해 결국 토성에 삼켜진다. 남는 것은 무수한 얼음덩어리뿐인데 이것들은 토성 주위에 납작한 원반 모양으로 펼쳐진다. 그중 많은 덩어리가 결국 토성에 포획된다. 로쉬 한계 밖으로 나간 덩어리들은 뭉쳐서 토성의 작은 얼음 위성이 된다. 로쉬 한계 안쪽에 살아남은 것들은 토성의 아름다운 고리가 되어 천문학 초심자에게 설레는 마음을 선사한다.

1610년 갈릴레이는 토성을 관측하는데 원시적 망원경의 렌즈 때문에 고리들을 인접한 위성 2개로 오인한다. 1656년 고리의 진정한 성질을 발견한 것은 결국 네덜란드의 천문학자 크리스티안 하위헌스(Christian Huygens)이다. 이렇게 약 400년 전부터 알려진 토성의 고리는 분명 행성의 고리 중 가장 유명하다. 그런데 태양계의 다른 거대 행성 3개에도 고리가 있다. 이것들은 무게가 훨씬 가벼워서 지구에서 관측하기 쉽지 않다. 천문학자들은 또한 태양계의 다른 천체 주변에서도 고리를 찾아내기 시작했다. 왜소 행성으로 하우메아(Haumea)나 소행성 샤리클로(Chariclo) 같은 천체가 그것인데 샤리클로는 고리를 가진 것으로 알려진 가장 작은 천체이다. 학자들은 외계행성 주변에도 고리가 있는지 연구한다.

참조항목

89쪽 행성들의 탄생 | 45억 7천만 년 전

우주탐사선 카시니(Cassini)호에서 2013년 7월 19일 관측된 토성과 고리의 모습. 당시 미 NASA와 유럽우주국(ESA)의 공동탐사선은 토성으로부터 약 100만 km 이상 떨어져 있었고 태양을 가리는 토성의 원반과 독특한 기하학적 위치를 이루고 있었다. 이 독특한 관측 위치 덕분에 고리E에 이르는 고리 체계를 밝혀냈다. 고리들은 미세한 얼음 입자로 되어있는데 이 입자들이 토성으로부터 24만 km 떨어진 곳까지 태양 빛을 회절시킨다.

오픽-오르트 구름 형성

44억 년 전

거대 행성들과 이 행성에 아주 근접한 많은 별의 중력 효과로 태양계의 작은 천체들은 흩어져 거대한 천체 구름을 이룬다.

●

행성이 만들어지기 시작하고 1천만 년 후 행성 배아가 자라난 태반이었던 가스와 먼지로 된 성운 원반은 이미 사라졌다. 이미 만들어진 거대 행성들은 행성이 만들어지는 과정에서 사용되지 않았던 물질의 잔재로 이뤄진 원반 안에서 진화한다. 주로 적외선 대에서 관측한 결과 천체물리학자들은 몇 개의 어린 별 주변에서 이른바 행성 형성 이후 원반 찾아낸다. 태양을 둘러싼 행성 형성 사후 원반에는 먼지 알갱이는 있으나 가스는 거의 없다. 이 원반에는 수많은 미행성(행성이 만들어질 때 강착을 통해 커지지 못한 작은 천체들)도 있는데 이 미행성들은 태양으로부터 40 AU 떨어진 곳까지 존재한다.

거대 행성과의 중력 상호작용을 통해 이 무수한 미행성들은 외계로 내던져지는데 이것들의 궤도는 때로 아주 길어져서 아득히 먼 태양계 변방에 자리 잡게 된다. 이때 태양과 동시에 만들어진 별들은 모두 하나의 성단을 이루어 아직 흩어지지 않은 상태이다. 그 결과 태양계의 별 밀도는 여전히 매우 높아서 1세제곱 광년당 1개 이상의 별이 존재한다. 그리고 결국 이 별들은 하나씩 태양계의 거대한 외곽을 스쳐 간다. 이 별들의 중력 간섭으로, 태양계 변방에 내던져졌던 미행성들은 태양 주위를 도는 원 궤도에 있게 되고 마침내 작은 천체들의 거대 집합소를 이루는데 이것이 오늘날의 '오픽-오르트(Öpik-Oort) 구름'이다.

에스토니아의 천체물리학자 에른스트 오픽(Ernst Öpik)과 네덜란드 학자 얀 오르트(Jan Oort)는 사실 독립적으로(오픽은 1932년, 오르트는 1950년) 가설을 세우는데 그 내용은 장주기 혜성의 발원지가 명왕성 궤도 너머에 있는 혜성 구름이라는 것이다. 오늘날 확인된 바에 따르면 오픽-오르트 구름은 1조 개 이상의 천체가 모여 있는 진정한 혜성의 보고이다. 태양에 거의 속박되지 않은 이 작은 천체들은 외부의 힘에 좌우되는데 이 힘에 이끌려 내태양계로 들어와 그곳에서 혜성의 핵을 만든다. 오픽-오르트 구름의 작은 천체들은 온갖 종류의 고체 상태 휘발성 물질 즉 얼음으로 이뤄져 있다. 총 질량이 지구 질량의 몇 배쯤 되는 오픽-오르트 구름은 거대 구조물로 내부는 원반 모양이며 태양으로부터 1,000 AU가 넘는 지점에서 시작되고 외부는 구형을 띠며 태양계로부터 20만 AU 떨어진 곳에서 끝이 난다.

참조항목

84쪽 태양의 탄생 | 45억 7천만 년 전
109쪽 카이퍼 벨트의 형성 | 38억 년 전

후기 대폭격

40억 년 전

거대 행성은 형성된 자리에서 이동함으로써 태양계를 동요시키고 작은 천체들과 지구형 행성과의 충돌을 유발한다.

•

오늘날 많은 행성학자에 따르면 4개의 지구형 행성과 달이 만들어진 지 수억 년 후 이것들과 작은 천체들의 충돌 비율이 다시금 터무니없이 높아진 시기가 있었다고 한다. 행성이 만들어지는 과정이라는 것은 행성들이 이미 초기에 더 작은 크기의 천체들과 충돌했다는 뜻이다. 그런데 1970년대 초 지난 3개의 아폴로 임무의 우주비행사들은 무거운 천체와의 충돌로 생긴 3개의 커다란 분지, 즉 비의 바다, 감로주의 바다, 평온의 바다 근처에서 달 표본을 수집한다. 지구로 가져온 암석의 연대를 측정해보면 충격이 있었던 시기는 약 40억 년 전으로 행성 형성이 초반을 지나고 새로운 폭격 시기에 들어선 때였다.

니스(Nice) 모형(태양계의 진화를 설명하기 위해 프랑스 니스에 있는 코트 다쥐르(Côte d'Azur) 천문대에서 개발한 시나리오)이 이 후기 대폭격을 설명한다. 이 모형에 의하면 4개 거대 행성은 만들어질 때 서로 더 가까이 있었다. 이때 태양으로부터 가장 멀리 떨어져 있던 천왕성은 미행성이 많던 원반의 안쪽 가장자리 근처에서 진화한다. 이 원반 안쪽 가장자리에 있는 작은 천체들과의 중력 상호작용을 통해 4개 거대 행성은 바깥쪽으로 점차 이동해 토성, 해왕성, 천왕성이 되고 가장 온건하게 움직인 행성은 안쪽에 자리 잡아 목성이 된다. 몇억 년 후 태양에 대한 목성의 공전 주기는 토성 공전 주기의 절반이 된다.

태양계가 형성된 지 5억 년 후 태양계에서 가장 무거운 두 행성이 공명현상을 일으키면서 격렬하고 깊은 혼돈이 시작된다. 목성에 의해 최종 궤도에서 밀려난 토성은 해왕성, 천왕성과 중력 상호작용을 한다. 그러면 이 두 행성은 이전보다 훨씬 긴 궤도 위로 던져진다. 그리고 미행성들의 원반으로 뛰어들어 이 원반에 있는 수천 개의 천체들을 최초 궤도 밖으로 던져버린다. 이 작은 천체 대부분은 태양계 밖으로 쫓겨난다. 그러나 그중 일부가 태양계 안쪽으로 방향을 바꾼 까닭에 지구형 행성 넷과 달에 갑자기 과도한 충격이 발생하는데 이것을 후기 대폭격이라 한다. 대기가 없는 행성형 천체인 수성과 달에서는 여전히 커다란 충돌분지 형태로 후기 대폭격의 흔적이 발견된다. 이 대폭격으로 인해 지구의 물 보유량은 증가하고 그 물속에 아마도 생물 발생 이전의 물질이 담겨 있었을 것이다.

참조항목

104쪽 해왕성이 트리톤을 포획하다 | 39억 년 전
109쪽 카이퍼 벨트의 형성 | 38억 년 전

우주탐사선 메신저(Messenger)호에서 2008년 촬영된 수성 표면의 모습. 충돌 분지인 칼로리스 평원(Caloris Planitia)은 광대하고 아주 밝은 지역으로, 화산성 물질은 밝은 점들로, 최근 만들어진 충돌구는 아주 짙은 색 구조물로 나타나 있다.

해왕성이 트리톤을 포획하다

39억 년 전

자신이 만들어진 곳에서 태양계 밖을 향해 이동하던 해왕성은 왜소 행성으로 하나를 포획하는데 이것이 해왕성의 위성 트리톤이다. 트리톤은 역행운동을 한다.

•

목성과 토성이 공명하기 전 해왕성은 오늘날 궤도보다 태양에 더 근접한 거의 원형의 궤도를 돌고 있다. 가장 무거운 두 거대 행성의 공명으로 인한 혼돈 속에 해왕성은 비정상적 궤도에 놓이고 결국 행성이 만들어지고 남은 잔재인 미행성 원반의 가장 깊숙한 곳에 위치한다. 그로 인해 더 많은 천체가 해왕성의 중력권을 지나가게 되어 해왕성이 이 중 하나를 포획할 확률은 커진다. 그런데 해왕성만큼 무거운 행성도 작은 천체 하나를 포획하는 것은 쉬운 일이 아니다.

천체물리학자들의 연구에 따르면 가장 유리한 상황은 거대 행성이 짝을 동반한 미행성을 만나는 것이다. 해왕성이 이 미행성계와 상호작용하면 실제로 커플 중 무거운 쪽을 더 쉽게 포획할 수 있는데 초과된 에너지가 모두 짝에게 옮겨지기 때문이다. 이 짝은 증가한 에너지를 가지고 쫓겨난다. 그런데 해왕성이 위치한 미행성 원반은 짝을 동반한 왜소 행성들이 있는 것으로 유명하다. 명왕성-카론(Charon) 커플 이외에 오늘날 해왕성 궤도 너머에 있다고 알려진 모든 왜소 행성(plutoid, 명왕성형 천체)은 짝을 하나 또는 둘 거느린다. 예를 들면 왜소 행성 하우메아(Haumea)는 위성이 2개이고 에리스(Eris)와 마케마케(Makemake)는 위성이 하나뿐이다.

짝을 동반한 왜소 행성 중 하나가 느린 속도로 해왕성의 중력권에 접근한다. 그리고 짝은 방출되고 왜소 행성은 포획되는데 이것이 바로 '트리톤(Triton)'이다. 트리톤은 해왕성의 가장 큰 위성으로 지름이 약 2,700 km이다. 1846년 영국의 천문학자 윌리엄 러셀(William Lassell)이 이 커다란 위성을 발견한 것은 독일의 천문학자 요한 갈레(Johann Galle)가 해왕성을 처음 발견하고 단 17일 지난 후였다. 요한 갈레는 당시 베를린 천문대에서 근무했다. 그는 프랑스 천문학자 위르뱅 르 베리에(Urbain Le Verrier)가 새로운 행성이 있는 게 틀림없다며 살펴보라고 한 하늘 영역을 조사했고 이 행성의 존재를 인정하니 천왕성의 움직임이 설명되었다. 또한 트리톤은 태양계의 큰 위성 중 유일하게 모행성의 회전 방향과 반대 방향으로 움직이는 위성이다. 이러한 특수성은 트리톤이 처음부터 해왕성 주변에서 만들어진 고전적 의미의 위성이 아니라는 뜻이다. 트리톤의 조성이 명왕성과 유사하다는 사실은 이것이 해왕성에 의해 포획된 명왕성형 천체라는 점을 암시한다.

참조항목

101쪽 후기 대폭격 | 40억 년 전
109쪽 카이퍼 벨트의 형성 | 38억 년 전

화성 표면의 폭발

38억 년 전

올림푸스 몬스는 화성뿐 아니라 태양계를 통틀어 가장 높은 화산이다. 이 명칭은 19세기 조반니 스키아파렐리가 발견한 화성의 밝은 지역 닉스 올림피카에서 유래한다.

•

지구 질량의 10분의 1인 화성에서는 지구를 만든 지각변동에 견줄만한 판의 지각변동 메커니즘이 작동되지 않았다. 지구에서 마그마가 올라오는 열점 위로 지각판이 이동하면 연결된 모양의 화산들이 수십 개 분출된다. 북태평양에 이어진 하와이 열도는 하와이 열점 위의 태평양판이 이동했다는 증거이다. 하지만 판이 움직이면 각 화산의 활동 기간은 몇백만 년으로 제한된다. 그런데 화성 표면에서의 화산 활동은 아주 다르다. 화성에는 판의 지각변동이 없어서 같은 지점에서의 마그마 분출이 수십억 년 동안 지속될 수 있다. 게다가 지구상의 산을 깎아내는 침식 작용이 화성 표면에서는 일어나지 않으므로 대규모 화산이 살아남을 수 있다.

올림푸스 몬스(Olympus Mons)의 경우가 그러한데 이 산은 붉은 행성 화성에서 가장 눈에 띄는 화산이다. 이 산이 만들어지기 시작한 것은 후기 대폭격이 끝날쯤이며 수십억 년 동안 계속된다. 이 산이 만들어지기까지 수없이 많은 분화가 이어졌는데 가장 큰 규모의 분화는 수억 년 후 발생한다. 우주 관측을 통해 이 산 정상에서 가장 최근에 있었던 활동의 흔적이 1억 년 전의 것임이 드러난다. 더 좋은 증거로 2004년 유럽의 탐사선 마스 익스프레스(Mars Express)호는 올림푸스 몬스의 측면에서 겨우 200만 년 된 용암의 흔적을 발견하는데 이것은 이 화산이 그때까지 활동 중이었을 수도 있다는 뜻이다.

19세기에 화성 표면을 처음으로 관측한 천문학자들은 굴절망원경 렌즈로 그나마 잘 구별할 수 있었던 화성 여러 지역의 상대적 반사도(또는 알베도)에 기초한 명명법을 개발했다. 그래서 올림푸스 몬스 화산의 이름은 높은 반사도를 보이는 지역인 '닉스 올림피카(Nix Olympica) 지역에서 유래한다. 닉스 올림피카는 '올림푸스 산의 눈(雪)'이라는 의미로, 이탈리아 천문학자 조반니 스키아파렐리(Giovanni Schiaparelli)가 발견하여 붙인 이름이다. 지구에서 관측할 때 높은 반사력을 가진 것은 눈과 관련된 것이 아니라 올림푸스 몬스 정상에 걸린 이산화탄소로 된 얼음 구름과 관련이 있다. 이 화산의 외형은 지구의 화산 중 하와이 열도의 마우나 케아(Mauna Kea)처럼 완만한 경사에 방패 모양을 한 순상 화산과 비슷하다. 그러나 올림푸스 몬스 화산의 특징은 바로 원추의 크기로 폭이 650 km이고 높이는 마우나 케아보다 2배 이상 높다. 이 산의 정상은 화성의 고도 기준점 위로 2만 1,000 m 이상 솟아있어 태양계에서 가장 높다.

참조항목

101쪽 후기 대폭격 | 40억 년 전

미국의 화성전역탐사선(Mars Global Surveyor)이 제작한 지도에 근거해 만들어진 올림푸스 몬스 화산의 3D 이미지. 행성학자들은 화산 기저부에 급경사면이 생긴 이유에 의문을 가진다. 어떤 학자들은 올림푸스 몬스가 약 3 km 두께의 얼음층 밑에서 만들어졌을 것이라 가정한다. 또 어떤 이들은 용암이 쌓이면서 급경사면이 생기고 얼음이 사라진 후에도 그대로 남은 것이라고 말한다.

카이퍼 벨트의 형성

38억 년 전

태양계의 바깥쪽으로 이동하는 해왕성은 태양과 근접한 곳에서 만들어진 작은 천체 일부를 밀어내는데 이것들이 카이퍼 벨트를 형성한다.

•

목성과 토성이 공명한 결과 찾아온 불안정성의 시기 이전 태양계는 훨씬 밀집되어 있다. 이때 미행성체 원반은 2개의 외태양계 행성인 천왕성과 해왕성을 아주 가까이에서 에워싸고 있다. 이 두 거대 행성은 이른바 '얼음' 행성이라 불린다. 이 행성들이 수소와 헬륨 이외에 휘발성 혼합물(물, 메탄, 암모니아)을 포함하고 있는데 천체물리학자들은 이 혼합물을 그 상태가 어떠하든(고체이든 액체이든) '얼음'이라 부르기 때문이다. 이 작은 천체들의 원반은 상당히 무거워서(지구 질량의 약 10배) 명왕성 크기와 비슷한 왜소 행성을 여러 개 만들 수 있다.

목성-토성의 공명으로 두 거대 얼음 행성이 외태양계 쪽으로 이동하면 해왕성의 궤도는 결국 행성 형성 이후 원반과 상호작용하게 된다. 그러면 이 원반은 사방으로 흩어진다. 수많은 미행성의 궤도는 심각하게 교란되어 결국 이것들은 태양계에서 방출된다. 일부는 오픽-오르트(Öpik-Oort) 구름으로 되돌아오고 나머지 얼마 안 되는 미행성들은 외태양계를 향해 밀려나 궤도 안정성이 큰 곳에 놓인다. 이곳은 한때 거대 행성들이 최종 위치로 자리 잡았던 곳이다. 살아남은 미행성들은 지구 공전궤도면 즉 황도면에 대해 때로 많이 기울어진 궤도에 놓인다. 이것들이 이루는 영역은 도넛 모양으로 태양에서부터 30~60 AU 거리에 펼쳐져 있고 훨씬 광대한 모양의 소행성대를 연상시킨다. 1943년 아일랜드의 천문학자 케네스 에지워스(Kenneth Edgeworth)는 무수한 작은 천체들이 행성들의 궤도 너머에 존재한다고 주장하는데 이 가설을 네덜란드계 미국 천문학자 제러드 카이퍼(Gerard Kuiper)가 1951년 다시금 언급한다.

카이퍼 벨트(Edgeworth-Kuiper Belt)는 명왕성과 2개의 다른 왜소 행성을 비롯해 크기가 100 km 이상인 천체들이 무수히 모인 집합소로 현재 우주탐사선 뉴호라이즌스(New Horizons)호가 탐사 중이다. NASA에서 보낸 이 탐사선은 2015년 명왕성을 근접비행(flyby)한 후 2019년 1월 1일 더 작은 천체 근처를 통과하는데 이 천체는 2014년 허블 우주망원경으로 발견되어 2014 MU69로 명명된다. 태양으로부터 40 AU 이상 떨어진 이 천체는 지구에서 보낸 우주탐사선이 근접비행한 천체 중 가장 멀리 있는 것이다. NASA는 이 천체의 정보를 공개한 후 '울티마 툴레(Ultima Thule)'라는 별명을 붙이는데 이 이름은 기원전 4세기 고대 도시 포카이아의 선원 피테아스(Pytheas)가 그레이트브리튼 섬에서 멀리 떨어진 땅, 알려진 세계의 경계 너머의 땅에 붙인 이름에서 유래한다.

참조항목

91쪽 소행성대의 형성 | 45억 6천만 년 전
99쪽 오픽-오르트 구름 형성 | 44억 년 전
101쪽 후기 대폭격 | 40억 년 전

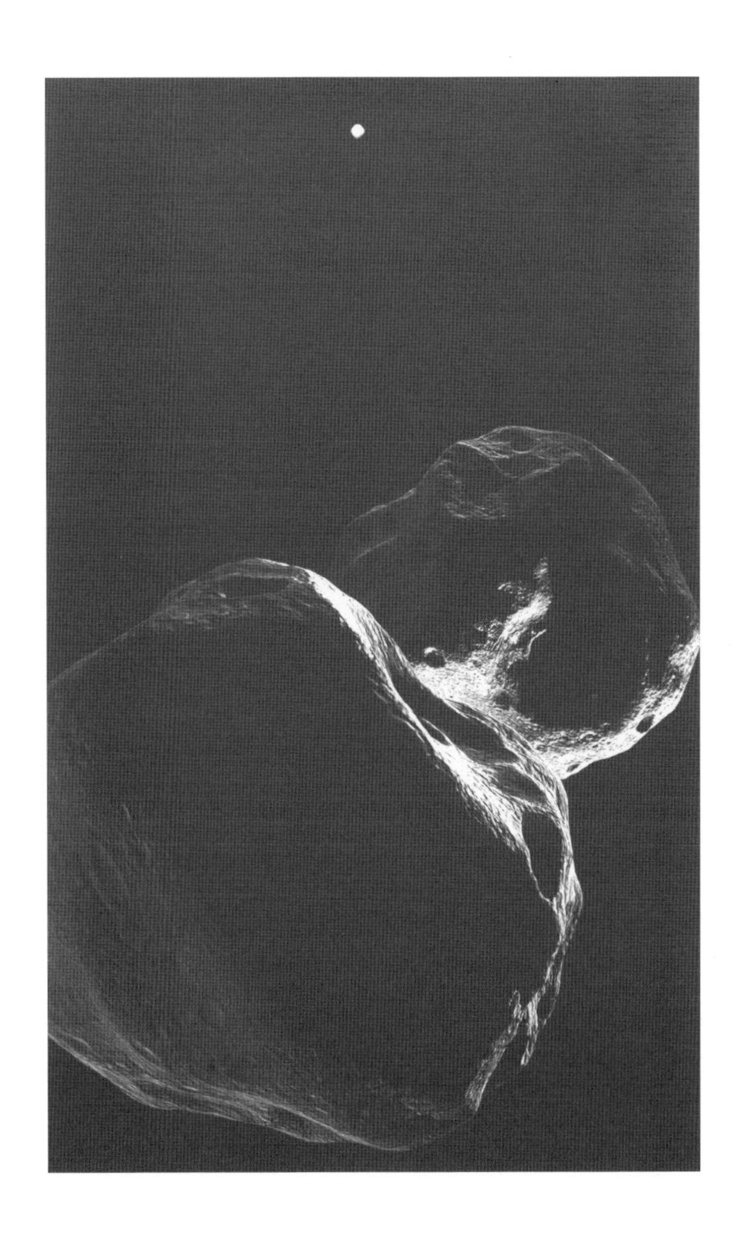

우주탐사선 뉴호라이즌스호에서 2019년 1월 1일 촬영된 울티마 툴레의 모습. 카이퍼 벨트에 속한 이 천체는 구별된 2개의 미행성 울티마와 툴레가 접촉하여 합쳐진 것으로 크기는 각각 30 km, 18 km이다.

지구에 생명체 출현

35억 년 전

세균 집단이 탄소 감금을 이용해 형성한 스트로마톨라이트는 지구상에 생명체가 상당히 이른 시기에 나타났음을 보여준다.

●

지구상에 생명체가 출현한 상황은 너무나 잘못 알려져 연대를 측정하는 것이 불가능할 정도이다. 하지만 전문가들은 이 과정에서 액체 상태의 물이 핵심 역할을 했다는 데에 이견이 없다. 우선 물은 가장 풍부한 원자 간의 화학 반응을 촉진하는 훌륭한 용매이다. 다음으로 물은 최초로 만들어진 유기 분자가 상호작용하고 유기체가 되도록 도와주었다. 마지막으로 물은 이 생물 발생 이전의 새로운 분자들을 우주선(cosmic ray)과 자외선의 해로운 영향으로부터 보호했다. 그럼으로써 원시 대양은 세포막을 갖춘 최초의 원시세포처럼 복잡한 구조물이 만들어지는 데 이상적인 조건을 제공했다.

여러 과정이 결합해 원시 지구 표면에 대양이 생겨난다. 엄청난 화산 활동으로 지구 심층부에 포함된 물이 모조리 수증기 형태로 지표면에 올라온 까닭에 지구는 신속히 두꺼운 구름 막으로 뒤덮인다. 이렇게 응축된 수증기가 지구 대기를 포화시키고 뒤이어 엄청난 폭우가 최초의 대양을 가득 채우는데 이런 과정이 수백만 년 동안 계속된다. 물은 우주로부터도 왔을 것이다. 후기 대폭격 시기에 지구로 떨어진 작은 천체들이 모두 얼음 형태로 물을 가져온 것으로 생각된다. 늘어난 수량 속에는 생물 발생 이전 물질도 들어있었을 것이다. 2014년에서 2016년까지 추류모프-게라시멘코(Tchourioumov-Guérassimenko) 혜성의 핵 주위를 돌던 유럽의 우주탐사선 로제타(Rosetta)가 수집한 데이터에 따르면 태양계의 작은 천체들에 탄화된 거대분자가 풍부히 존재한다는 것을 알 수 있다.

무대의 배경이 완성되자 최초의 세포들이 나타나고 대양은 박테리아로 가득하다. 남세균(cyanobacteria, 혹은 남조류) 집단이 연안 지대에서 급속히 번식하며 연안 조간대에 자리 잡는다. 이 박테리아 군집은 대기 중에 풍부한 이산화탄소를 고정시켜 스트로마톨라이트(stromatolite)를 만든다. 지구의 고대 암석에 이런 해양 구조물의 화석(호주 북서부 필바라(Pilbara)지역에서 발견된 화석처럼)이 발견된 것은 지구상에 생명체가 출현한 지 35억 년이 넘었음을 입증한다. 더 오래된 암석을 분석해도 비슷한 결과가 나오는 것을 보면 생명체는 지구 역사에서 상당히 일찍 등장했음을 알 수 있다. 이후의 진화 속도는 더할 나위 없이 느려서 생물 다양성은 30억 년 후에야 폭발한다.

참조항목

101쪽 후기 대폭격 | 40억 년 전
114쪽 산소 대폭발 | 24억 년 전
142쪽 우주선의 가속 | 2천만 년 전
257쪽 필레, 추리에 착륙하다 | 2014년

산소 대폭발
24억 년 전

생명체가 배출한 산소 분자들은 이미 포화상태가 된 무기물에 융합되지 못하고 결국 대기 중에 쌓인다.

•

약 35억 년 전 남세균과 함께 생명체가 지구에 나타났을 때 지구 대기의 구성은 오늘날 우리가 호흡하는 대기와는 매우 달랐다. 오늘날 금성과 화성의 대기처럼 원시 지구의 대기는 약간의 질소와 많은 양의 이산화탄소로 이루어져 있다. '탄산 가스'라고도 하는 이산화탄소의 화학식은 CO_2로 탄소 원자 하나와 산소 원자 둘이 결합된 것이다. 남세균은 햇빛을 받아 이 분자를 깨뜨림으로써 대기 중에 점점 더 많은 양의 산소를 방출하고 탄소를 고정한다. 그런데 10억 년 동안 대기의 구성은 언제나 같다.

산소는 반응성이 크므로 생산되자마자 지구의 지각을 구성하는 수많은 광물, 그중에서도 철과 결합한다. 마침내 지구에서 이용 가능한 모든 광물이 이미 산화되어버린 시기가 온다. 이제 산소는 대기 중에 퍼지기 시작한다. 이 시기의 대기는 상당량의 메탄을 함유하고 있어 온실효과를 통해 더운 기후의 이득을 보지만 이전에는 탄산 가스를 통한 온실효과로 더운 기후가 유지되었다. 이 시기는 기온도 꽤 높아서 산소 없이 살 수 있는 온갖 생물이 급증한다. 산소는 흩어지면서 메탄과 상호작용하고 메탄은 10만 년에 걸쳐 온실효과와 함께 사라져 간다. 이후 기온이 떨어지고 지표면은 두꺼운 얼음층으로 덮인다. 이 시기가 바로 휴로니안 빙하기(Huronian Glaciation)이며 지구 역사상 가장 긴 '눈덩이' 형 빙하기이다. 이 빙하기로 인해 수억 년 동안 생명체 대부분이 파멸된다.

이 생태적 대재앙에서 살아남은 종들은 새로운 환경에 적응하여 마침내 산소로 대사 작용을 하는 데 성공한다. 휴로니안 빙하기가 끝나자 대륙이 정화된다. 그 결과 대양에 영양분이 많아지고 빛을 에너지원으로 사용하는 남세균이 증가한다. 남세균이 생산하는 산소의 양이 점점 늘어나면서 그 비율이 다세포 생명체의 출현에 적합한 한계선에 도달한다. 이것은 진화의 쾌거이자 생물다양성 폭발의 전주곡이다. 또한 산소 분자에 태양의 자외선이 작용하자 오존이 만들어진다. 이때 오존은 지구의 높은 대기층에 자외선을 차단할 수 있는 층을 형성하는데 이것 또한 생물다양성에 필수적인 조건이다.

참조항목

121쪽 눈덩이 지구 | 6억 5천만 년 전

천연 원자로

20억 년 전

가봉 지역의 지각 밑 깊은 퇴적층에서 오래전에 핵분열이 오랫동안 지속되었던 흔적이 있다.

•

태양계 성운 부근에서 초신성 폭발이 일어난 후 2개의 우라늄 방사성 동위원소인 우라늄-235와 우라늄-238이 형성 과정의 지구에서 발견된다. 전자가 후자보다 6배 빨리 붕괴하므로 우라늄-235의 존재비는 원시 지구에서는 17 %였으나 기원전 20억 년에는 3.8 %가 된다. 경수로에서 필요로 하는 것이 바로 이 우라늄-235의 존재비이다. 수억 년 전 최초의 남세균이 방출한 산소가 가득한 물은 우라늄을 산화시켜 그것을 퇴적층에 고정한다. 산화우라늄이 풍부한 동시에 물을 가득 머금은 다공질 퇴적층이 오늘날의 아프리카 가봉(Gabon) 아래 지하 심층부에서 발견된다. 바로 그곳에서 약 20억 년 전 천연 핵분열 원자로가 가동되기 시작한다.

1950년대 중반 프랑스 원자력청(CEA)의 광산 시굴자들은 가봉 동부에서 우라늄이 풍부한 광상(鑛床)을 발견한다. 1972년 프랑스 드롬(Drôme) 지방 피에를라트(Pierrelatte)에 위치한 CEA의 공장 엔지니어들은 가봉 오클로(Oklo) 광상에서 나온 천연 우라늄을 분석한다. 그 결과 우라늄-235가 조금 부족한 것으로 밝혀진다. 조사 후 CEA의 전 고등판무관이었던 물리학자 프랑시스 페랭(Francis Perrin)은 이런 이상 현상은 천연 원자로의 과거 활동 때문이라고 주장한다. 이런 류의 천연 원자로는 일본계 미국인 핵물리학자 폴 가즈오 구로다(Paul Kazuo Kuroda)가 예측한 바 있다.

우라늄-235의 첫 번째 핵의 자발적 핵분열로 생성된 고속중성자는 오클로의 우라늄 광상을 둘러싼 지하수에 의해 감속되어 나머지 핵들을 더 쉽게 분열시키는데 이것이 바로 연쇄 반응 원리이다. 약한 강도로 작동한 오클로의 천연 원자로는 수십만 년간 가동된다.

이 원자로에서 핵분열 생성물이 꽤 많이 생산되었다. 따라서 1972년 프랑시스 페랭과 연구팀은 오클로 광산에서 채취한 암석에서 핵분열 부산물을 확인하고 이곳에서 정말로 원자로가 작동되었음을 증명한다. 여기서 강조할 점은 핵분열 원자로(천연 원자로라 해도) 작동의 핵심 요소는 미세구조상수라는 점이다. 오클로 원자로 연구는 20억 년 전의 미세구조상수 값이 오늘날 실험실에서 측정된 값과 1천만 분의 1까지도 같다는 점을 입증한다. 기본상수는 변한다고 단언한 자들에게 던질 돌이 늘어난 것인가!

참조항목

67쪽 우주와 우주상수 | 97억 년 전
182쪽 별의 폭발과 죽음 | 기원전 4500년

안드로메다로 뛰어든 메시에 32

8억 년 전

메시에 32 은하는 메시에 31에 돌진하면서 안드로메다 대성운 원반 위에 동심원 고리를 여럿 가진 나선팔 구조를 남긴다.

•

국부은하군이 아주 조촐한 규모라 해도 구성원 중 가장 무거운 은하인 메시에 31, 즉 안드로메다 대성운(Andromeda galaxy)에 충돌 흔적이 적은 것은 아니다. 그중 한 번의 충돌은 국부은하군의 파란만장한 역사에서 상당히 늦게 발생하는데 바로 메시에 31의 동반 은하 중 하나가 메시에 31에 직진 충돌한 사건이다. 이 은하는 프랑스 천문학자 기욤 르장티(Guillaume Le Gentil)가 1749년 발견한 밀집 타원은하이다. 오늘날 '메시에 32'란 이름으로 알려진 이 은하의 총질량은 메시에 31의 질량보다 아주 적다.

메시에 32가 무거운 동반자의 중력장으로 뛰어든 사건에 대해 여러 그룹의 천체물리학자들이 이론모형을 세우는데 이 모형을 통해 안드로메다 대성운의 복잡한 외형을 이해할 수 있으리라 생각하고 있었다. 2006년 남아프리카의 천체물리학자 데이비드 블록(David Block)과 동료들은 충격을 동반한 메시에 32의 돌진에 관한 디지털 시뮬레이션 결과를 발표하는데 이 충돌 사건은 메시에 31 중심부에서 몇천 광년 떨어진 곳에서 2억 1천만 년 전에 발생했다고 한다. 이때 충격으로 인해 고리 모양의 밀도파 2개가 생성되어 안드로메다 원반 바깥쪽으로 퍼져나갔는데 이때 안드로메다 원반은 우리은하의 원반처럼 이미 나선팔을 가지고 있었을 것으로 추정된다. 또 블록과 동료들은 발사체 은하인 메시에 32가 충돌 과정에서 거느리던 별과 암흑물질의 절반 그리고 지니고 있던 가스 전부를 버렸으리라 추측한다. 돌진 후 메시에 32는 구형으로 축소되어 왜소 밀집 은하의 형태로만 남아있다.

좀 더 최근인 2014년 미국의 천체물리학자 매리언 디에릭스(Marion Dierickx)와 동료 2명은 메시에 31-메시에 32 상호작용에 관한 최초의 논리 모형을 발표한다. 이 모형은 두 은하의 위치, 속도, 외형에 관해 알고 있는 모든 것을 재현하기에 적합하다. 그런데 이 디지털 모형은 사건에 관해 전혀 다른 이야기를 한다. 첫째, 메시에 32의 돌진은 8억 년 전에 일어났으며 둘째, 사건 장소는 안드로메다의 변방인데 메시에 32가 중심부를 향해 직진하고자 했으나 다른 동반 은하들에 의해 방향이 빗나갔을 것이라고 한다. 셋째, 3인의 모형 제안자들이 추정한 바로는 메시에 32의 충돌 때문에 안드로메다 대성운에 전에 없던 나선 구조가 생겼으며 이 구조는 수면에 던진 돌이 만들어내는 파형과 비슷하다. 마지막으로 이 과학자들은 메시에 32가 충돌 이전에 이미 왜소 밀집 은하이고 그 외형이 안드로메다 대성운 원반을 통과한 결과 만들어진 것은 아니라고 한다.

참고항목

69쪽 우리은하의 원반 형성 | 88억 년 전
77쪽 국부은하군에서의 충돌 | 52억 년 전

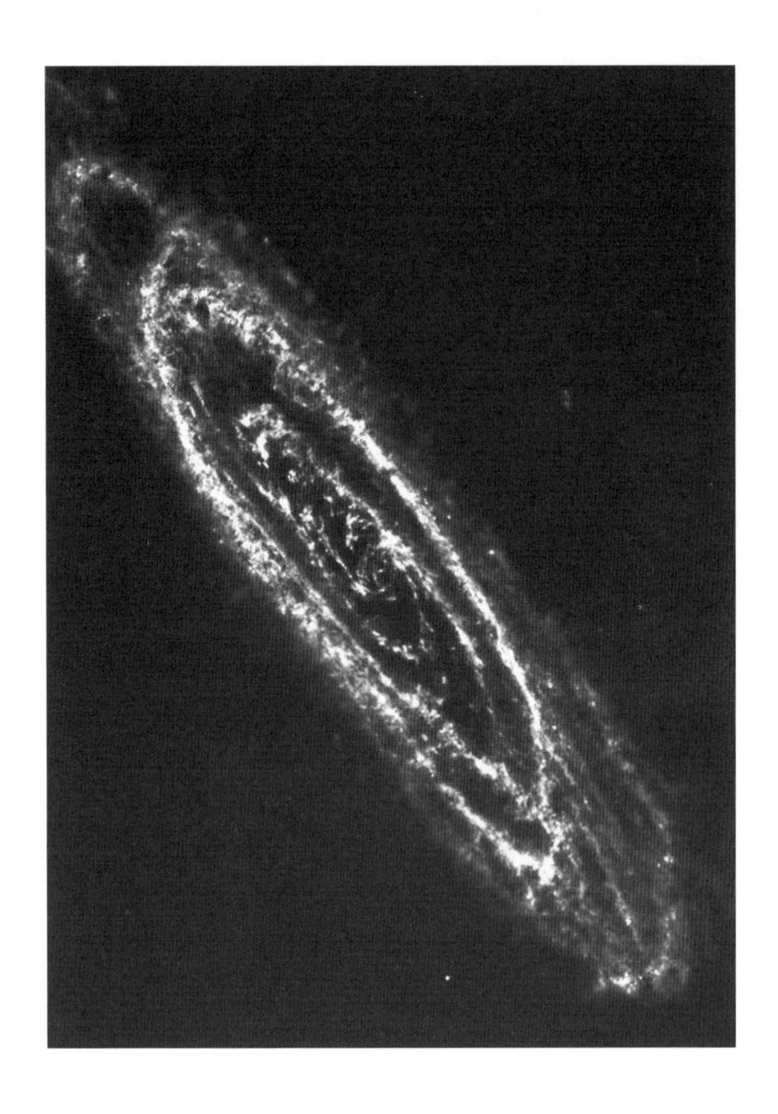

유럽의 허셜(Herschel) 우주망원경을 통해 원적외선으로 촬영된 안드로메다 대성운의 모습. 디에릭스와 동료들이 메시에 32의 돌진에 관해 최근 제작한 디지털 시뮬레이션에 따르면 나선팔과 동심원 모양의 고리를 가진 안드로메다의 복잡한 외형은 안드로메다 대성운 원반과 조준선이 아주 작은 각을 이루기 때문에 생기는 관점 효과(perspective effect)와 관련이 있을 것이라고 한다.

눈덩이 지구

6억 5천만 년 전

지구의 적도 양쪽으로 뻗어 있던 초대륙 로디나가 분리되자 온실효과의 급감이라는 예기치 못한 결과가 나타난다.

●

지구의 반사면(구름, 빙모)은 입사되는 태양 복사 일부를 우주로 보내고(이것을 알베도 또는 반사도라 함) 나머지 복사는 짙은 색을 띤 지역(대양, 대륙)에 흡수된다. 이렇게 데워진 거대한 면적은 우주를 향해 열복사를 방출하는데 이것은 특히 적외선으로 나타난다. 그런데 지구 대기에는 태양광선은 투과하나 적외선은 투과하지 않는 몇 가지 기체(수증기, 이산화탄소, 메탄)가 있다. 이때 대기는 지구를 우주공간으로부터 격리시킨다. 이것은 온실이 식물을 주위 공기로부터 격리하는 방식과 같으며 여기서 '온실효과'라는 표현이 나왔다. 그런데 이 이미지는 부적절하다. 적외선 복사 이상으로 온실의 유리는 내부와 외부 간의 대류에 의한 열 교환을 차단하기 때문에 '복사 강제력(radiative forcing)'이라는 용어를 사용하는 것이 더 정확할 것이다.

온실효과가 없다면 지표면의 평균 기온은 섭씨 20도 이하로 내려갈 것이다. 지구는 얼음으로 덮일 것이고 그로 인해 알베도가 높아지면 평균 기온은 영하 50도 이하로 떨어질 것이다! 산소 대폭발은 대기 중 메탄을 소멸시키고 메탄이 가져온 온실효과를 없앰으로써 20억 년 전 지구의 가장 심각한 최초의 냉각기였던 휴로니안 빙하기를 초래한다. 이산화탄소의 비율 감소로 인해 최근 10억 년 동안 비슷한 2개의 빙하기 즉 스타티안(Sturtian) 빙하기와 마리노안(Marinoan) 빙하기가 나타난다. 모든 것은 8억 년 전 시작되는데 이때 판의 지각변동에 따라 아주 오래전 생성되었던 초대륙 로디나(또는 로디니아)가 열대 지방을 따라 분리되기 시작한다. 그 결과 2가지 사건이 발생한다. 첫째, 화산 활동이 재개되어 현무암 지층을 널리 퍼뜨리고 둘째, 대양과 해협이 열린다. 대륙 근처에 새로 생겨난 아주 습한 기후로 인해 더 많은 강수가 발생한다. 이러한 강수로 인해 토양 즉 현무암질 지표면의 침식이 가속된다. 이 현무암질 표면은 물의 영향으로 점점 깎이다가 이산화탄소를 탄화된 퇴적층 형태로 가둔다.

이후 이산화탄소 비율이 감소하면서 온실효과가 줄어들고 그로 인해 빙모가 확장된 후 지구는 전체적으로 냉각된다. 알베도는 상승하고 태양 에너지의 도달분이 줄어들어 마침내 지구는 얼음으로 뒤덮인다. '눈덩이' 지구에 관한 이 2개의 새로운 냉각기가 펼쳐지면 생물 종의 상당수가 사라진다. 화산 활동이 재개되어 상당량의 이산화탄소가 방출되고 그 결과 온실효과가 다시 작동해 지구 전체의 빙하기가 종료되면 이 냉각기는 막을 내린다.

참조항목

114쪽 산소 대폭발 | 24억 년 전

큰곰자리 별들의 탄생

5억 년 전

큰곰자리의 가장 빛나는 별들은 같은 성운으로부터 만들어졌고 이후 조금씩 흩어져 북쪽 하늘에서 가장 유명한 별자리로 천구를 수놓는다.

•

우리은하 중심으로부터 약 2만 6,000광년 떨어진 은하 원반의 가장자리 어딘가에서 폭발과 함께 별들이 탄생하면 성간운이 붉게 물들고 한 무리의 별들이 생겨난다. 이 별들은 성운이 흩어지면 상호 중력으로 묶인 채 산개성단을 형성한다. 나이도 같고 화학적 조성도 같은 이 별 무리는 모두 같은 방향으로 이동하다가 5억 년 후 태양으로부터 100광년이 채 안 되는 거리에 위치한다. 주변 은하 환경의 섭동을 받은 이 성단은 조금씩 흩어져 큰곰자리(Ursa Major)의 별 무리를 이룬다. 이 오래된 성단에서 가장 반짝이는 별들은 오늘날 커다란 냄비 모양을 가져 무척 알아보기 쉬운 별자리(빛나는 별들이 그려내는 독특한 모습)로 천구상에 나타난다.

북반구의 여러 문화는 각자의 방식으로 이 유명한 별자리를 무대에 올린다. 그리스 신화에서 이 별자리는 제우스가 사랑에 빠진 요정 칼리스토를 나타낸다. 언제나 질투심 많은 아내 헤라의 복수는 신속하다. 헤라는 칼리스토를 큰 곰으로, 칼리스토와 제우스 사이에서 태어난 아들 아르카스를 작은 곰으로 만들어 이 두 곰이 북극 주변을 맴돌며 지평선 밑에서 결코 쉴 수 없도록 벌을 내린다. 그런데 북극점 주변

지역을 가리키는 '북극(arctic)'이란 용어는 고대 그리스어로 '곰'을 의미하는 '아르크토스(árktos)'에서 유래되었다. 더 실용적 사고를 지닌 로마인들은 이 별자리를 '셉템 트리오네스(Septem Triones)' 즉 북극점 근처의 밀 타작마당을 끝없이 돌고 있는 일곱 마리의 일꾼 황소라 부르는데 이것이 '북쪽'을 뜻하는 '셉텐트리온(septentrion)'이란 단어의 기원이다.

북반구의 문화는 이 별자리를 표현하기 위해 상상력을 더한다. 그리하여 쟁기, 큰 국자, 샤를 대제의 마차, 비뚤어진 짐마차, 게다가 중세 프랑스의 아서왕의 짐마차까지 등장한다. 이 별자리가 고대 인도인들에게는 7명의 현자, 고대 페르시아인들에게는 7개의 왕좌이다. 또 다른 주제인 관(棺) 테마는 유태인과 아랍인들에게서뿐 아니라 초기 기독교인들에게서도 발견된다. 초기 기독교인들은 이 별자리에서 죽은 나사로의 관과 그 뒤를 따르는 세 누이 마리아, 마르다, 막달라를 발견한다. 중국인들은 이 별자리를 '베이두(Beidou)'라 부르는데 북쪽의 국자라는 뜻이다. 베이두는 중국의 위성 항법 시스템을 가리키기도 하는데 이 시스템은 2020년 정상 가동된다고 한다.

참조항목

69쪽 우리은하의 원반 형성 | 88억 년 전
125쪽 소마젤란성운에서 별들의 폭발 | 3억 2천만 년 전
135쪽 플레이아데스성단 | 1억 1천 5백만 년 전
214쪽 하늘 지도 | 650년

소마젤란성운에서 별들의 폭발

3억 2천만 년 전

우리은하 근처의 기조력으로 인해 소마젤란성운에서 폭발과 함께 별들이 태어나 큰 성단을 이룬다.

●

상당히 큰 규모의 성간운이 소마젤란성운 안에서 성장한다. 안드로메다 대성운을 이미 완성한 국부은하군의 내부 충돌로 만들어진 이 불규칙 왜소 은하는 우리은하보다 가스가 3배나 풍부하며 우리은하에 아주 가까이 접근한다. 그에 따른 기조력으로 소마젤란성운에 성간 가스가 생성되고 마침내 거대한 성운에서 가장 왕성한 별 탄생 장면이 연출된다. 이때 무수한 별이 빛나기 시작하는데 이들은 상호 중력으로 묶여 아름다운 성단을 이룬다.

3억 2천만 년 후 성단은 여전히 잘 결속되어 있고 그 거대한 무게로 흩어지려는 별들을 붙잡고 있다. 이런 모습 덕분에 이 성단은 NGC(New General Catalog of Nebulae and Clusters of Stars, 신판 성운총목록) 성표에 NGC 265라는 번호로 등록된다. 초판에 약 8,000개의 항목을 망라한 이 기념비적 성표는 메시에 성표 이후 가장 유명한 성표이다. 1880년대 말 북아일랜드의 아마(Armagh) 천문대에서 덴c마크 태생의 천문학자 존 드라이어(John Dreyer)는 천왕성을 발견한 윌리엄 허셜(William Herschel)의 아들 존 허셜(John Herschel)이 편찬한 초판 성표를 토대로 이 성표를 제작하였다.

현재 NGC 265는 모든 천문학자의 주목을 받고 있다. 아마추어 천문학자들은 허블(Hubble) 망원경이 제공한 이미지를 마음껏 즐기며 그 안에서 반짝이는 보석의 광맥을 발견한다. 한편 전문가들은 이 이미지를 이용해 항성 종족에 관해 연구한다. 천체물리학자들에게 NGC 265는 별을 기르는 양식장이다. NGC 265에는 모든 질량 수준과 모든 진화 단계(이미 사라진 가장 무거운 별들은 제외한)의 개체들이 포함되어 있다. NGC 265의 별들은 함께 만들어져서 모두 나이가 같고 초기 조성도 동일하다. 이 별들은 모두 같은 거리(20만 광년)에 있어서 이들이 내는 빛은 이들의 고유 광도에 비례한다. 마지막으로 NGC 265의 중원소함량(수소와 헬륨이 아닌 다른 원소들의 비율)은 우리은하와 다르므로 이것을 연구하면 알아낼 수 있는 정보가 많다. 2007년 허블 우주망원경으로 NGC 265의 별 1,000개 정도를 관측한 바에 따르면 이 성단의 나이는 3억 2천만 년이고 중원소함량은 태양 중원소함량의 4분의 1이다.

참조항목

69쪽 우리은하의 원반 형성 | 88억 년 전
77쪽 국부은하군에서의 충돌 | 52억 년 전
135쪽 플레이아데스성단 | 1억 1천 5백만 년 전

2006년 허블 우주망원경으로 촬영된 NGC 265의 모습. 고성능 허블 우주망원경 덕분에 태양으로부터 약 20만 광년 떨어진 이 산개성단에 속한 수천 개의 별이 드러났다.

PART 4

현재의 우주

•

오늘날에 가까워질수록 우주에서 관측되는 천문현상은 우리와 가까운 영역에서 일어나는 사건들이다. 이유는 간단하다. 정보가 빛의 속도로 전달되므로 천체물리학자들은 현재 태양이 위치한 우주의 아주 작은 영역에서 일어난 사건만 인지하기 때문이다. 더 먼 데서 일어나는 사건의 데이터는 먼 훗날 우리에게 도달할 것이다. 이렇게 오늘날의 우주는 가까운 우주와 뒤섞인다.

여기 기록한 사건들은 1억 6천만 년 전에 시작되어 우주 나이의 100분의 1을 겨우 넘는 기간 동안 펼쳐진다. 이 시간을 표현하려면 천문학적 시간의 관점에서 '현재'라는 형용사가 가장 적당하다. 그런데 우주의 이 작은 공간이 짧은 기간과 엮이면 그 안에서 벌어지는 사건의 충격은 세계의 모습을 바꾼다. 태양계에 해당하는 첫 번째 변화는 바로 밥티스티나(Baptistina) 소행성군의 탄생이다. 탄생한 개체 수가 평범하다 못해 우주적 규모로는 보잘것없는 이 사건은 모든 형태의 생명체를 지배하는 거대한 불확실성을 보여준다. 실제로 훗날 이 소행성군의 후예들은 지구를 비롯한 내태양계의 몇 세계와 격렬히 충돌할 것이다.

그런데 외계 천체가 운석만 가져온 것은 아니다. 다른 물질의 파편도 지구에 떨어지는데 그것은 격렬한 사건들이 진행될 때 가속된 입자들이다. 별의 폭발 또는 다소 무거운 블랙홀의 포식 활동 같은 극단적 현상은 신세대 천체물리학자들의 연구 주제가 된다. 이어지는 사건들은 우리가 있는 우주의 작은 귀퉁이에서 최근 일어난 가장 격렬한 사건이다.

그리고 오늘날의 우주가 주제인 만큼 이제 어떤 영장류가 아프리카의 호숫가를 거닌 발자국 흔적과 함께 인류가 등장할 때이다. 인류는 먼 옛날 그곳뿐 아니라 달에도 발자국을 남겼고 먼 훗날 화성에도 발자국을 남길 것이다.

밥티스티나 소행성군

1억 6천만 년 전

소행성대에 있는 큰 소행성 두 개가 충돌한 후 흩어진 파편들이 바로 밥티스티나 소행성군이다. 이것들이 아마도 달과 지구에 최근 충돌 흔적을 남긴 장본인일 것이다.

•

1번 소행성은 소행성대 안쪽 가장자리에 있는 커다란 천체로 태양으로부터 2 AU가 조금 넘는 거리 즉 3억 km 이상 떨어져 있다. 지름이 170 km인 이 천체는 목성의 섭동으로 성장이 제한되는 종족으로서는 상당히 큰 소행성이다. 세레스(Ceres)처럼 훨씬 큰 몇 소행성들은 질량과 부피로 볼 때 왜소 행성 지위가 합당한데 이것들을 제외하면 주소행성대의 소행성 대부분은 1번 소행성보다 크기가 훨씬 작다.

2번 소행성은 상당히 큰(지름이 약 60 km) 또 다른 소행성으로 1번의 궤도와 아주 비슷한 궤도를 가진다. 마침내 어느 날 두 소행성은 서로 충돌한다. 초속 3 km의 상대속도로 격렬한 정면충돌이 일어나자 두 소행성은 질량이 꽤 무거운 파편들 여러 개로 분해되었다가 다시 모여 유사한 궤도 특성을 가진 새로운 천체군을 형성한다. 니스(Nice) 천문대(현재 코트 다쥐르 천문대의 부속 천문대)에서 100여 개의 소행성을 발견한 것으로 유명한 프랑스의 천문학자 오귀스트 샤를루아(Auguste Charlois)는 1890년 이 천체군 중 가장 큰 것 즉 지름이 40 km 정도인 천체를 발견한다. 그는 이 천체에 '밥티스티나(Baptistina)'라는 이름을 붙이는데 당시 천문학자들은 자신이 발견한 소행성에 주로 여성형 이름을 붙이는 경향이 있었다. 오늘날 이 밥티스티나 소행성군에는 크기가 10 km 이상인 천체들이 수백 개 모여 있다.

2007년 미국의 행성학자 윌리엄 보트키(William Bottke), 데이비드 네스보니(David Nesvorny)와 체코의 데이비드 보크룰리키(David Vokrouhlicky)는 디지털 시뮬레이션을 이용해 밥티스티나에 속한 소행성들의 경로를 재구성하는 데 성공한다. 그들은 이 소행성들의 출발점이 같았음을 보여주고 행성들의 섭동 효과로 인해 2개의 소행성이 하나는 달과 충돌해 가장 유명한 충돌구 중 하나인 티코(Tycho, 덴마크 천문학자 티코 브라헤(Tycho Brahe)의 이름을 따서 명명됨)를 만들고 하나는 지구와 충돌해 6천 5백만 년 전 공룡의 멸종을 초래했다고 한다.

참조항목

91쪽 소행성대의 형성 | 45억 6천만 년 전
137쪽 달 표면과의 충돌 | 1억 8백만 년 전
140쪽 지구 표면과의 충돌 | 6천 5백만 년 전

킬로노바의 비밀

1억 3천만 년 전

쌍성계를 이루는 2개의 중성자별이 합병할 때 결정적인 중력파 폭발이 일어나는데 이때 이 별들의 물질 일부가 방출된다.

•

NGC 4993은 1억 3천만 광년 떨어져 있어 꽤 가까운 렌즈형 은하로 독일 태생의 영국 천문학자 윌리엄 허셜(William Herschel)이 1789년 발견한다. 이 은하의 중성자별 쌍성은 알베르트 아인슈타인(Albert Einstein)의 일반 상대성이론을 준수하며 나선 궤도를 따라가다 서로 접근하여 마침내 합병한다. 이 사건으로 강력한 중력파가 발생해 2017년 8월 17일 지구에 도달한다. 이 사건의 증거가 된 GW170817 신호는 3개의 중력파 탐지 전용 망원경을 통해 관측되었다. 3개의 기구 중 2개는 미국의 레이저 간섭계 라이고(LIGO)이며 하나는 프랑스와 이탈리아가 합작한 비르고(Virgo)이다.

라이고와 비르고가 GW170817을 탐지한 후 2초도 안 되어 미국의 페르미(Fermi) 우주망원경과 유럽의 인테그랄(Integral) 우주망원경은 짧은 감마선 폭발인 GRB170817A를 포착한다. 그 후 11시간이 채 못 되어 칠레 라스 캄파나스 천문대의 스워프(Swope) 우주망원경은 일시적 천문학 사건인 AT2017gfo를 발견한다. 다른 여러 망원경에서도 이것이 관측되는데 그중에서도 허블 우주망원경은 AT2017gfo가 NGC 4993의 원반에 있고 그 빛이 2017년 8월 22일에서 28일까지 6일에 걸쳐 약해짐을 보여준다.

미국에 설치된 라이고와 동시에 멀리 이탈리아에 있는 비르고 관측소에서도 GW170817가 탐지되는데 전문가들은 이 사건의 광원이 위치해야 할 불확실성의 영역을 축소하는 데 성공한다. NGC 4993은 천구의 약 30제곱각을 차지하는 오차 상자(error box) 안에 있다는 점에 주목해야 한다. NGC 4993은 GRB170817A의 고유 오차 상자 안에도 위치한다. 요컨대 GW170817, GRB170817A, AT2017gfo이 서로 무관할 확률은 10억 분의 1보다 작다.

이러한 일련의 관측 결과는 멀티 메신저 천문학(multi-messenger astronomy)을 탄생시킨다. 이렇게 다양한 메신저들로 관측한 데이터를 이용하여 이야기를 재구성할 수 있다. 우선 쌍성계를 이루는 두 중성자별이 마침내 합병한다. 그리고 이 별을 구성하는 물질 일부가 누에고치 형태처럼 점점 커지며 광속에 가까운 속도로 방출된다. 관측된 모든 복사는 이 폭발 사건으로 발생했으며 이 빛은 약한 광도의 초신성과 유사하므로 '킬로노바(kilonova)'라 명명된다. 중성자가 풍부한 매질인 킬로노바는 우주에서 가장 무거운 원소인 금과 백금 같은 원소들이 합성되는 곳이다.

참조항목

53쪽 원시별의 재앙적 소멸 | 132억 년 전
259쪽 최초의 중력파 발견 | 2016년
295쪽 두 중성자별의 융합 | 3억 년 후

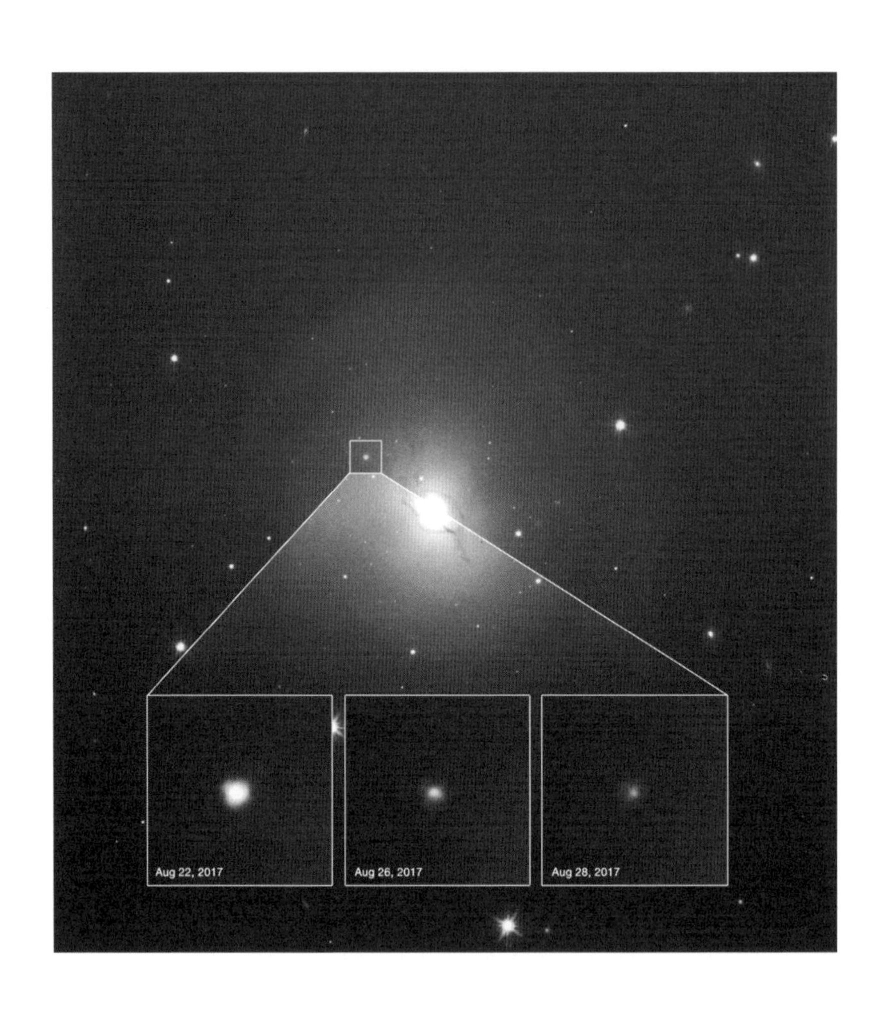

라이고와 비르고에서 GW170817이 탐지된 후 관측된 렌즈형 은하 NGC 4993의 모습. 사진 왼쪽 상단 삽입화면에서 킬로노바 AT2017gfo를 확인할 수 있다. 사진 하단의 세 장면은 2017년 8월 22일에서 28일까지 6일 동안에 걸쳐 킬로노바의 섬광이 신속히 약해지는 모습을 보여준다.

플레이아데스성단

1억 1천 5백만 년 전

태양에서 그리 멀지 않은 곳에서 꽤 근접한 시기에 한 성단이 형성된다. 이 성단의 가장 무거운 별들은 오늘날에도 여전히 빛나고 있으며 플레이아데스성단을 이룬다. 많은 문화권에서 이 북쪽 하늘의 별자리를 기념하고 있다.

●

별을 만들어 내는 용광로가 불타오른다. 성단이 탄생하는 중인데 그중 가장 무거운 별이 가장 뜨겁다. 이 별들이 내는 아름다운 푸른 빛은 먼지가 풍부한 성간 매질을 비추고 이 별들은 바로 이곳에 오늘날까지 존재한다. 이 사건은 시간상으로나 공간상으로 멀리 있는 일이 아니다. 먼 과거 일이 아니므로 1억 년 후에도 성단이 흩어질 리 없고 따라서 가장 무거운 별들은 진화의 끝에 도달하지 못하고 여전히 아름다운 푸른 빛을 내고 있다. 푸른 빛은 이 별들의 표면 온도(1만 K 이상)를 나타낸다. 이 별들은 우리은하 안에서 그리 멀지 않은 산개성단을 이루어 오늘날 태양으로부터 400광년 거리에 위치한다.

천문학적 관점에서 아주 가까우므로 푸른 별들은 맨눈으로도 보인다. 이 별들이 천구 상에 그리는 선명한 별자리는 큰곰자리를 연상시킨다. 고대 그리스인들에게 이 별 무리는 거신 아틀라스와 바다 요정 플레이오네의 딸인 일곱 자매 플레이아데스(Pleiades)를 상징한다. 제우스는 일곱 자매를 하늘의 비둘기로 만들어 이들을 쫓던 거인 사냥꾼 오리온을 피하도록 했다고 한다. 천문학자들은 여전히 이 성단을 플레이아데스성단이라 부르는데 이 성단이 천문학자들의 주목을 받는 이유는 이것이 아름다운 푸른 별에서부터 질량이 태양질량의 10분의 1도 안 되는 보잘것없는 갈색왜성에 이르기까지 온갖 종류의 별들을 모아놓은 별 양성소이기 때문이다.

기이하게도 이 성단에는 백색왜성이 존재한다. 백색왜성은 가벼운 별의 죽음을 뜻한다고 알려져 있다. 이 죽음에 이르는 진화 과정에는 10억 년 이상이 소요되는데 이것은 플레이아데스성단 나이의 10배나 된다. 그런데 이 역설에 대한 설명이 가능하기는 하다. 처음에는 아주 무거웠던 이 별들이 질량을 많이 상실하면 핵이 붕괴해 백색왜성이 될 수 있다고 한다.

참조항목

69쪽 우리은하의 원반 형성 | 88억 년 전
123쪽 큰곰자리 별들의 탄생 | 5억 년 전
125쪽 소마젤란성운에서 별들의 폭발 | 3억 2천만 년 전

달 표면과의 충돌

1억 8백만 년 전

밥티스티나 소행성군의 한 소행성이 달과 충돌하자 커다란 충돌구가 생긴다. 그로 인해 달 남반구에는 분출물로 이뤄진 기다란 띠가 생긴다.

●

밥티스티나(Baptistina) 소행성군은 주 소행성대 가장자리 안쪽에서 발생한 충돌로 만들어진 작은 천체들의 집합체이다. 이 소행성들은 일단 생성되면 야르콥스키 효과를 경험한다. 이것은 러시아의 공학자 이반 야르콥스키(Ivan Yarkovsky)가 20세기 초에 예측했던 것으로 자전하는 천체가 복사를 받을 때 생기는 효과이다. 광원으로부터 빛을 받은 천체의 한 면은 에너지를 받는다. 반 바퀴를 돌아 이제 그늘에 위치하는 이 면은 받은 에너지를 외부로 발산한다. 이때 이 천체는 약한 추진력을 받는데 그 정도는 빛을 받은 면의 모양과 상태에 따라 달라진다.

야르콥스키 효과는 태양 빛을 받는 작은 천체에 적용된다. 결과적으로 밥티스티나 군의 소행성들은 2개의 로브(lobe)로 나뉘어 서로 분리된다. 이때 크기가 1 km 이상인 것들을 포함한 많은 소행성이 목성과 다른 행성들의 중력 간섭을 받는다. 시간이 흐르면 이 소행성들의 궤도는 지구의 궤도 그리고 달의 궤도와 만날 수 있다. 그런 과정을 거쳐 10 km 크기의 한 소행성이 달의 서쪽 지평선에 아주 낮게 나타나 이내 달과 충돌한다.

그로 인해 거대한 충돌구가 생기고 달 남반구에 분출물로 이뤄진 가느다란 선들이 나타나는데 이 선은 소행성이 날아온 방향인 서쪽을 제외한 모든 방향으로 1,000 km 이상 뻗어 있다. 이때 지구의 지배자로 군림하던 공룡들이 충돌을 목격한다. 얼마 후 어떤 공룡들은 달의 충돌구에서 분출된 커다란 잔해가 지구에 떨어져 생긴 국지적 재난에 희생되었을 것이다. 이것이 바로 4천만 년 후 공룡의 멸종으로 이어지는 재앙의 전조가 된다.

참조항목

130쪽 밥티스티나 소행성군 | 1억 6천만 년 전
140쪽 지구 표면과의 충돌 | 6천 5백만 년 전

달의 모습. 아래쪽에 보이는 충돌구 티코는 충돌 시 분출된 잔해들로 이뤄진 가늘고 빛나는 선들의 중심에 위치한다.

지구 표면과의 충돌

6천 5백만 년 전

지름이 10 km인 밥티스티나 소행성군의 한 소행성이 지구와 충돌하여 생물 종의 3분의 2가 멸종한다. 이 충돌구는 유카탄반도 북부에 있다.

●

크기가 1 km 이상인 천체로 인한 충돌구 생성 비율은 수억 년 동안 달에서와 마찬가지로 지구에서도 안정적이었으나 최근 2억 년 동안은 2배 이상 증가했다. 그 원인은 바로 주 소행성대의 커다란 천체들의 충돌로 만들어진 밥티스티나(Baptistina) 소행성군이다.

최근에 생긴 달의 충돌구 중 가장 큰 티코(Tycho)를 만든 것도 바로 이 소행성군이다. 이 소행성군은 또 금성의 큰 충돌구 4개 중 하나를 만들었다고 한다. 지구에는 이 소행성들이 초래한 것으로 보이는 두 번의 큰 충돌로 만들어진 확실한 흔적이 있다. 하나는 시베리아 북부의 포피가이(Popigai) 충돌구로 3천 5백만 년 된 것이다. 지질학자들이 찾아낸 또 다른 흔적은 거의 같은 시기에 만들어진 충돌구로 미국 체서피크 만(Chesapeake Bay)에 있다.

그러나 밥티스티나 소행성의 충돌 중 가장 유명한 것은 6천 5백만 년 전에 발생한다. 지구를 황폐하게 만든 이 충돌을 확인하려면 오랜 추적이 필요하다. 1980년 미국의 지질학자 월터 알바레즈(Walter Alvarez)는 독일어 Kreide-Tertiär(백악기-제3기)에서 비롯된 'K-T 경계'라고 하는 백악기와 제3기의 경계 지질층에서 이리듐의 이상 비율을 발견한다.

이리듐 함유량이 높은 것은 많은 우주 매질의 특성이므로 알바레즈는 K-T 경계가 무거운 천체의 충돌을 입증한다고 주장한다.

중력 이상 현상을 통해 찾아낸 충돌구는 유카탄반도 북부 칙술루브(Chicxulub) 지역의 두꺼운 석회질층 아래 뻗어 있는 거대한 지층에서 확인된다. 지름이 10 km 되는 커다란 운석의 충돌로 인해 제2기 말의 생물 종 80 % 이상이 대량 멸종된 것으로 추정된다. 또 이 충돌로 인해 인도 데칸(Deccan) 지방의 화산 폭발이 증폭되었다고도 하는데 일부 지질학자들은 이것이 K-T 대멸종의 주원인이라고 한다.

참조항목

130쪽 밥티스티나 소행성군 | 1억 6천만 년 전
137쪽 달 표면과의 충돌 | 1억 8백만 년 전
165쪽 커다란 운석이 지구와 충돌하다 | 기원전 5만 년

우주선의 가속

2천만 년 전

수십 개의 초신성이 연쇄 폭발을 일으키면 우주선을 가속시키기에 적합한 슈퍼버블이 성간 매질에 형성된다. 우주선은 빛의 속도에 아주 가까운 속도로 퍼져나가는 입자이다.

●

주로 양성자로 구성된 우주선(cosmic ray)이 상층 대기와 상호작용하면 강력한 이온화 힘(ionizing power)을 가진 2차 입자가 대량 생성된다. 20세기 초 오스트리아 태생의 물리학자 빅터 헤스(Viktor Hess)는 기구를 이용한 고공비행 중 고도가 높아질수록 대기의 이온화율이 증가한다는 점을 발견한다. 그리하여 그는 투과율이 아주 높은 어떤 형태의 방사가 존재한다고 결론짓는데 이 방사는 높은 곳에서 오기 때문에 외계에 기원을 둘 것으로 강하게 예측되었다. 제1차 세계대전 이후 하늘에서 내려오는 이 이온화 방사는 세계 석학들의 주목을 받는다. 1923년 노벨 물리학상 수상자인 미국의 물리학자 로버트 밀리컨(Robert Millikan)은 이 외계의 방사가 상층 대기에 도달하기 전에는 고에너지의 감마 광자일 것이라 확신한다. '우주선'이라는 부적절한 용어가 바로 그 사실을 입증한다. 밀리컨이 1925년부터 사용한 이 용어는 이후 그대로 받아들여진다.

수십 년간 우주선으로 골머리를 앓은 천체물리학자들은 그 기원을 연구하고자 한다. 별이 가장 활발하게 만들어지는 장소에서 탄생한 무거운 성단은 격렬한 항성풍을 일으키고 초신성 폭발로 삶을 끝내는 것으로 알려져 있다. 이 항성풍과 초신성 폭발이 결합하여 성간 가스에 거대한 공동(空洞)인 슈퍼버블(superbubble)이 생긴다. 이 슈퍼버블에서 초당 수천 킬로미터로 추진하는 물질 층이 강력한 충격파를 대량 발생시킨다. 천체물리학자들에 따르면 충격파는 입자를 가속시킬 수 있는 메커니즘의 기본 재료라고 한다.

일단 가속되면 이 우주 입자 덩어리는 성간 매질에서 약 2천만 년 동안 비틀대며 움직인다. 이 불안정한 움직임의 원인인 자기력은 성간운 표피에 붙어 근처를 지나가는 전기를 띤 모든 입자의 궤도를 안쪽으로 휘게 한다. 이 은하수 차원의 전기적인 당구 시합 때문에 우주선의 궤도는 너무 비뚤어져 그 발원지가 어디인지를 알 수 없다. 그래도 우주선은 여전히 심우주와 진정한 연관성을 가진다. 우주선은 태양계 너머에서 나와 지구로 오는 유일한 물질이기 때문이다.

참고항목

163쪽 충격파가 대마젤란성운을 휩쓸다 | 기원전 16만 6000년
182쪽 별의 폭발과 죽음 | 기원전 4500년

격렬한 사건

1천 110만 년 전

1억 년 전 나선은하와 거대 타원은하 간에 충돌이 발생하고 그로 인해 2개의 물질 제트가 방출된다.

•

초거대질량블랙홀은 고밀도 별의 물질로 만들어진다. 천체물리학자들은 나선은하든 타원은하든 모든 은하의 중심에는 블랙홀이 숨어 있다고 말한다. 빛을 포함한 모든 것을 억류하고 있는 블랙홀은 어떠한 복사도 내지 않는다. 그러나 물질이 블랙홀의 세력권을 지나갈 때 가끔 조건이 맞으면 블랙홀의 존재는 아주 강렬히 나타나는데 '센타우루스 A(Centaurus A)'로도 알려진 렌즈형 은하 NGC 5128에서 나타나는 블랙홀의 모습이 그러하다. 센타우루스 A라는 명칭은 전파천문학 초기에 만든 것으로 센타우루스 자리에 위치한 최초의 전파원이라는 뜻이다.

1억 년 전 이 은하는 자신이 속한 은하군의 한 나선은하와 충돌한다. 수천만 년 후 나선은하의 성간 가스는 타원은하의 핵 옆에서 발견되는데 그곳에는 초거대질량(태양질량의 수억 배)블랙홀이 있다. 세면대 바닥으로 물이 흘러 들어가는 것처럼 블랙홀에 끌려온 물질은 얇은 고리 모양으로 블랙홀을 감싸는데 이것이 바로 강착원반(accretion disk)이다. 이 과정이 진행되는 동시에 물질이 초고속으로(광속의 절반) 방출되는데 이것은 아주 가느다란 2개의 제트 형태를 띠며 수천 광년에 걸쳐 뻗어나가다 이후 거대한 로브(lobe) 형태로 펼쳐진다. 이 로브 모양 구조물이 모든 스펙트럼 대에서 방출되는 강력한 복사의 근원이다.

NGC 5128에서 일어나는 격렬한 현상들 즉 초거대질량블랙홀에 의한 강착, 광속에 가까운 속도로 분출되는 물질 제트 같은 현상은 우주의 모든 은하에서 아주 적은 비율로 발견된다. 이런 현상이 일어나는 은하를 '활동은하핵(Active Galactic Nucleus)'이라 한다. 이 명칭은 모든 강렬한 에너지를 내는 천체(가장 유명한 것들만 언급하자면 세이퍼트(Seyfert)은하, 전파은하, 퀘이사)들을 포함하며 그 다양성은 주로 관측 조건(스펙트럼 대, 제트의 방향)에 달려있다.

참조항목

152쪽 블랙홀의 향연 | 700만 년 전
244쪽 슈바르츠실트 반지름 | 1916년

찬드라 우주망원경을 통해 X-선으로 관측된 NGC 5128의 모습. 가시광선으로 관측된 이미지와 아타카마 패스파인더(APEX)를 통해 서브밀리미터 영역에서 관측된 이미지가 겹쳐져서 보여주고 있다.

핼리 혜성

1천만 년 전

해왕성 너머에 있던 얼음 천체의 궤도가 갑자기 아주 길어져 태양 근처를 지나게 된다. 이 천체는 혜성이 되어 지구 근처에 규칙적으로 연이어 나타난다.

•

태양계가 형성될 때 미래 혜성의 핵은 태양으로부터 5 AU 이상 떨어진 곳에서 만들어지는데 그곳은 온도가 상당히 낮아서 물이 고체 상태로 존재한다. 그렇지만 이렇게 얼음동결선 너머에서 만들어진 작은 천체들이 모두 혜성의 핵이 되는 것은 아니며 오히려 그 반대이다. 한 번의 중력 튕기기로 평범한 작은 얼음 천체가 아름다운 혜성의 핵으로 변모된다.

거대 행성들 그리고 아주 가까운 별들도 가벼운 중력 튕기기를 통해 작은 얼음 천체를 궤도에서 떼어내 내태양계를 향해 던질 수 있다. 이 천체의 궤도가 조금이라도 태양 가까이 간다면 이 천체는 데워지다가 표면의 얼음이 곧바로 기체로 변하며 고체 물질을 방출한다. 이렇게 가스와 먼지로 된 막인 혜성의 꼬리가 만들어진다. 혜성이 태양에 다가갈수록 태양풍과 복사압의 결합 작용으로 혜성의 꼬리는 태양의 반대 방향으로 뻗어나간다.

디지털 시뮬레이션에 따르면 1천만 년 전 작은 천체 하나가 해왕성 너머에 있는 아직 관측된 적 없는 천체들의 집합소에서 떨어져 나온다. 거대 행성들의 섭동 작용으로 작은 천체의 궤도는 아주 길어지고 천체는 태양에 가까이 이끌려 간다. 75년 만에 한 바퀴를 도는 이 천체는 혜성의 핵이 되어 지구 근처를 규칙적으로 지나간다. 영국의 천문학자 에드먼드 핼리(Edmund Halley)는 1705년 발표한 논문에서 1531년, 1607년과 1682년의 혜성은 모두 똑같은 천체라고 주장한다. 이 혜성이 타원 궤도를 그린다는 점을 확신한 핼리는 이 혜성이 1758년 크리스마스에 돌아온다고 예측한다. 운명의 날이 다가오자 프랑스의 천문학자 제롬 랄랑드(Jérôme Lalande)는 프랑스 수학자 알렉시 클레로(Alexis Clairaut)에게 핼리의 계산을 재확인해보라고 제안한다. 이들은 수학자 니콜 렌 르포트(Nicole-Reine Lepaute)의 도움을 받아 혜성이 1759년 봄에 돌아올 것이라고 발표한다. 혜성은 실제로 1758년 12월에 다시 나타나서 1759년 3월 13일 태양에 가장 가까운 지점을 통과한다.

핼리는 사망 3년 전인 1739년에 이런 말을 남긴다. "우리가 예측한 대로 혜성이 1758년에 돌아온다면 공정한 후손들은 이 사실을 처음으로 예고한 자가 영국인이었음을 기꺼이 인정할 것이다." 그의 기도는 이뤄진다. 핼리 혜성은 최초의 발견자가 아닌 다른 사람의 이름을 붙인 보기 드문 사례 중 하나이다.

참조항목

89쪽 행성들의 탄생 | 45억 7천만 년 전
257쪽 필레, 추리에 착륙하다 | 2014년

유럽 탐사선 로제타(Rosetta)를 통해 2014년 4월 20일 촬영된 추류모프-게라시멘코(Tchourioumov-Guérassimenko) 혜성의 핵. 로제타는 혜성과 랑데부한 최초의 탐사선이며 당시 혜성의 핵으로부터 128 km 떨어진 곳에 있었다.

갈색왜성의 형성

1천만 년 전

우리은하에서 우리와 아주 가까운 곳에 태양질량의 40분의 1인 갈색왜성과 목성 질량의 8배인 천체가 결합한 계가 형성된다. 이것은 거대 행성일까 아니면 준 갈색왜성일까?

●

6천만 년 전 밀도파가 우리은하의 태양계를 지나가자 별들이 다시 태어나기 시작하고 근접 성단이 형성된다. 어린 별들의 모임에서 비롯된 이 근접 성단은 200광년이 채 안 되는 거리에 위치한다. 바로 이곳에서 만들어진 2M1207은 아주 작은 별 2개로 이뤄진 쌍성계로 질량으로 보면 태양보다는 오히려 목성에 가깝다.

더 무거운 2M1207A(목성 질량의 25배)는 수소 핵융합 반응을 시작하는 데 필요한 한계치에 도달하지 못한다. 그러나 목성 질량의 13배라는 중수소 융합 과정을 시작할 수 있는 한계치는 초과한다. 이런 조건을 가지므로 2M1207A는 갈색왜성으로 분류된다. 갈색왜성은 별이 되지 못한 천체로 자신의 고유한 중력붕괴 그리고 내부에서 시작된 산발적 핵반응을 통해 방출된 에너지를 이용해 창백한 빛을 낸다. 동반성인 2M1207B의 지위는 더 불확실하다. 목성 질량의 단 8배인 이 천체는 '갈색왜성'의 자격이 없다. 하지만 이것은 함께 묶여있는 왜성과 같은 성운 조각에서 나왔으므로 행성도 아니다. 행성은 진화의 시작부터 별을 둘러싼 가스와 먼지 원반에서 태어난 천체에 부여되는 명칭이기 때문이다.

이 쌍성을 최초로 발견한 천문학 연구팀은 유럽남부천문대(ESO, European Southern Observatory) 주도로 설치된 칠레 북부 파라날 산(Cerro Paranal)천문대를 이용한다. ESO는 유럽 학자들이 남반구 하늘을 관측할 수 있도록 구성된 국제 과학 기관이다. 천문학자들은 이 가냘픈 두 천체를 발견하고 둘을 구별해내기 위해 예푼(Yepun)이라는 망원경을 사용하는데 예푼은 칠레 마푸체(Mapuche) 인디언들의 언어로 금성을 뜻하며 초거대망원경 VLT를 구성하는 4개의 망원경 중 하나이다. VLT는 각각 지름이 8 m인 반사경을 갖춘 4개의 거대망원경 네트워크이다. 이 연구를 계기로 예푼 망원경은 적응 광학 시스템을 갖춘다. 대기의 난기류가 유발하는 이미지 왜곡을 실시간으로 수정하는 이 장치 덕분에 예푼 망원경은 허블 우주망원경보다 뛰어난 해상도를 자랑한다.

참조항목

69쪽 우리은하의 원반 형성 | 88억 년 전
87쪽 태양은 핵융합 발전소 | 45억 7천만 년 전
89쪽 행성들의 탄생 | 45억 7천만 년 전

블랙홀의 향연

700만 년 전

쌍성계의 무거운 별의 핵이 붕괴해 블랙홀이 된다. 이것은 동반성이 방출한 물질을 포획하여 '백조자리 X-1'이란 이름으로 알려진 X-선 천체가 된다.

•

우리은하의 팔 하나에 어리고 무거운 별들을 많이 가진 성단이 수없이 이어져 있는데 이 팔은 천구의 오리온자리부터 백조자리에 걸쳐 펼쳐져 있다. 백조자리 방향에는 여러 성협(stellar association)이 자리잡고 있고 그중 한 성협에는 아름다운 푸른 별 2개로 이뤄진 쌍성이 존재한다.

둘 중 더 무거운 별은 탄생할 때 태양질량의 40배를 초과하는데 이런 종류의 별은 강력한 항성풍을 일으키는 것으로 알려져 있다. 그로 인해 외피가 없어진 이 별은 진화가 끝날 때 핵이 붕괴하면서 다소간의 부차적 효과와 함께 태양질량의 10배인 블랙홀이 된다. 이 사건으로 쌍성 관계가 끊기는 것은 아니며 쌍성은 성협의 다른 별 근처에서 이후 700만 년 동안 존속한다.

동반성은 상당히 무거워서(태양질량의 20배) 물질을 잃고 블랙홀 주변을 휘감아서 가스 원반을 형성한다. 원반은 경직된 덩어리처럼 돌지 않으므로 격렬한 마찰 현상의 중심지가 된다. 그러한 결과 원반의 온도가 상승하는데 특히 원반 가장자리 안쪽의 온도는 수백만 K까지 올라간다.

이렇게 고온이 된 물질은 모두 X-선을 풍부하게 방출한다. 그리하여 오늘날 이 쌍성계의 블랙홀은 동반성에서 에너지를 얻으며 이 계는 하늘에서 가장 밝은 X-선 광원이 된다.

1964년 이탈리아 출신의 미국 천체물리학자 리카르도 지아코니(Riccardo Giacconi)는 X-선 영역의 하늘을 연구하기 시작하는데 그는 뉴멕시코의 화이트샌즈(White Sands) 기지에서 발사된 탐사 로켓 말단부에 초보적 탐지기인 가이거(Geiger) 계수기를 실어 보낸다. 그리하여 로켓은 X-선을 투과시키지 못하는 대기를 지나 멀리 날아간다. 지아코니는 결국 백조자리에서 이 유명한 X-선의 발원지를 찾아낸다. 이후 백조자리(Cygnus) X-1이라 명명된 이 천체에 대한 관측이 활발히 이뤄진다. 1970년대 초 천체물리학자들은 백조자리 X-1이 초거성 하나와 태양질량의 3배가 넘는 고밀도 별로 구성된 쌍성계와 일치함을 확인하는데 이 고밀도 별은 사실상 공식적으로는 최초로 확인된 훌륭한 블랙홀 후보이다.

참조항목

69쪽 우리은하의 원반 형성 | 88억 년 전
244쪽 슈바르츠실트 반지름 | 1916년

천체물리학자들의 상상으로 제작된 백조자리 X-1의 이미지. 이것은 청색 초거성과 이 초거성이 방출한 물질을 포획하는 블랙홀이 연결된 쌍성계이다. 고밀도별 주위에서 나선형으로 떨어지는 물질은 원반을 형성하며 원반의 안쪽 가장자리의 온도는 아주 높다. 이 원반은 강력한 X-선 복사를 방출한다. 원반에 강착된 물질의 일부는 양극을 가진 제트 형태를 띠며 빠른 속도로 분출된다.

지구 위를 걷다

150만 년 전

오늘날 케냐 북부의 호수 근처에서 호모 에렉투스 종의 영장류는 진흙 위에 발자국을 남긴다. 화석이 된 이 발자국은 현생인류가 남길 만한 발자국과 유사한 것으로 밝혀진다.

●

무대는 아프리카 열곡대(Grand Rift) 어디쯤의 호숫가이다. 아프리카 열곡대는 지각변동으로 인해 대륙 동쪽으로 벌어진 함몰 지대이다. 어린 영장류를 동반한 한 무리의 성체 영장류는 오스트리아와 헝가리 출신의 두 탐험가가 1888년 로돌프(Rodolphe) 호수라 명명한 거대한 강가를 따라 걸어간다. 이들의 키와 체격은 오늘날 인류학자들에 따르면 호모(Homo) 속 호모 에렉투스(Homo erectus) 종의 것인데 호모 에렉투스는 영장류 중에서 오늘날까지 존속하는 유일한 호모 사피엔스(Homo sapiens) 종이다.

150만 년 후 영국의 매튜 베넷(Matthew Bennett)과 인류학 연구팀은 1975년 이래 로돌프 호수의 새 이름이 된 투르카나(Turkana) 호수의 동쪽 강가 인근 일러렛(Ileret) 근처에서 퇴적층을 발굴한다. 그들은 우리의 영장류 무리가 점토질 흙에 남긴 화석화된 발자국을 세상에 드러낸다. 자세한 분석을 통해 현생인류의 특징적 걸음걸이가 드러난다. 일단 뒤꿈치가 체중을 받으면 발가락이 땅에 닿아 보행자를 앞으로 나아가게 한다.

이 발자국은 먼 후손과 같은 방식으로 이동하는 호모 속 표본들이 지구상에 남긴 최초의 발자국이다. 프랑스의 고인류학자 이브 코팡스(Yves Coppens)는 "인류는 발가락에서 시작된다."는 농담을 했는데 150만 년 전 투르카나 호수 근처에 자주 나타나던 영장류는 이미 생각하는 물질을 지닌 존재다. 근처에 남겨진 주먹도끼 종류의 석기들이 이점을 증명한다. 100만 년이 지난 후에야 또 다른 호모 에렉투스가 불을 발견하며 50만 년이 더 지나야 호모 속의 새로운 화신이 또 다른 천체에 발을 디딘다.

참조항목

252쪽 달 위를 걷다 | 1969년
283쪽 화성 위를 걷다 | 2051년

케냐 투르카나 호수 근처에 남겨진 150만 년 된 발자국. 이것은 현생인류를 제외하고 가장 널리 퍼진 영장류 아목인 호모 에렉투스 종의 한 영장류가 남긴 것으로 호모 에렉투스가 현생인류와 유사하게 뒤꿈치에서 발가락으로 체중을 옮겨 싣는 방식으로 직립 보행한다는 것을 보여준다.

펄서의 광란의 질주

기원전 34만 8000년

태양에 가까운 무거운 별의 핵이 붕괴하여 밀집성 별이 탄생한다. 빠른 속도로 회전하며 생동하는 이 별은 가속된 입자를 성간 매질에 방출한다.

●

태양에 가까운 무거운 별이 죽음을 맞이한다. 이 별의 핵은 붕괴하여 빠르게 회전하며 강한 자기장을 가진 덩어리가 된다. 압축력의 한계를 넘어 집적된 이 물질이 갑자기 팽창하자 별의 바깥 껍질이 놀라울 정도로 격렬히 날아가 버린다. 그 결과 붕괴한 핵은 강한 추진력을 받아 빠른 속도로 국부 은하 속으로 날아간다.

이 별 잔해는 강력한 자기장과 빠른 회전 속도로 인해 펄서(pulsar)가 된다. 펄서는 밀도가 큰 밀집성으로 양극에서 각각 에너지가 높은 강력한 전자 다발을 생성할 수 있다. 초속 120 km로 별 사이를 미친 듯 질주하는 펄서는 성간 가스에 후류(後流)를 일으키는데 이것은 초음속기가 대기에 남기는 것과 비슷하다. 펄서가 방출하는 고에너지의 전자들은 X-선의 발원지인 거대한 원뿔 모양의 층을 펄서 주변에 형성한다. 이 X-선 복사는 2004년 커다란 집광면이 탑재된 유럽의 우주망원경 XMM-뉴턴(Newton)을 통해 탐지되는데 탐지된 각도에서 볼 때 이 복사는 더 짙은 색의 중심 광원에서 벗어나는 2개의 빛나는 띠 모양을 하고 있다.

별의 대재앙으로 35만 년 전에 방출된 이 펄서는 1970년대 초 고에너지의 감마선을 강하게 방출하는 것으로 알려진다. 1975년 천문 위성 감마 코스비(gamma Cos-B)는 유럽우주국(ESA)이 새롭게 계획한 임무로 천문학자들이 수수께끼처럼 여기던 감마선의 근원을 상세히 연구한다. 학자들이 신비롭게 여긴 이유는 이것이 고에너지의 감마선 영역에서만 빛을 내기 때문이다.

당시 코스비 임무에 참여했던 이탈리아 밀라노 대학의 학자 중 천체물리학자 조반니 비그나미(Giovanni Bignami)는 이 수수께끼 광원의 진정한 본질을 밝혀내고자 한다. 이들은 다른 스펙트럼 영역이 이미 알려진 별을 가지고 이 광원을 확인하려고 하지만 성공하지 못하자 이 수수께끼 광원을 조롱하듯 '게밍가(Geminga)'라는 별명을 붙인다. 이 명칭은 밀라노식 표현으로 (el)gh'èminga이며 '(그것이) 있지 않다'는 뜻인데 이것은 현재까지 이 광원 천체의 별명이 되고 있다. 1991년이 되어서야 NASA가 콤튼 감마선 천문대(CGRO, Compton Gamma-Ray Observatory)를 궤도에 올려 '게밍가'가 실제로 펄서 형태의 천체임을 입증하게 된다.

참조항목

185쪽 우주공간을 환히 비추는 펄서 | 기원전 4500년

중성미자의 거대한 폭발

기원전 16만 6000년

약력에 굴복한 Sanduleak -69° 202의 양성자와 전자들은 천문학적인 양의 중성미자를 생성하는데 이것은 1987년에 탐지된다.

•

Sanduleak -69° 202는 루마니아계 미국 천체물리학자 니콜라스 샌덜릭(Nicholas Sanduleak)이 작성한 성표에 등장하는 대마젤란성운의 청색 초거성이다. 어느 날 태양질량의 20배쯤 되는 이 별의 핵이 갑자기 붕괴한다. 이때 물리적 조건들이 결합한 결과 약력(weak force)의 도움을 받은 양성자와 전자들이 상호작용하여 10여 초 만에 어마어마한 양의 중성자와 중성미자(neutrino)가 생성된다.

중성자들은 서로 달라붙어 거대한 초고밀도 덩어리가 된다. 그리고 이 사건을 통해 방출된 중성미자의 양은 10^{58}개로 숫자 1 뒤에 0이 58개나 붙는 수인데 가히 천문학적인 양이라 할 수 있다. 이 중성미자는 별의 핵붕괴로 방출된 엄청난 양의 중력에너지의 거의 전부(약 40억 년 전 태양이 형성된 이래 방출한 에너지와 같은 양)를 앗아간다. 기본입자 중에서도 중성미자는 독보적이다. 이것의 질량은 극도로 작아서 중력에 거의 속박되지 않는다. 또 전하를 갖지 않으므로 전자기력과도 무관하다. 그리고 원자핵의 결합을 보장하는 강력을 알지 못한다. 중성미자는 Sanduleak -69° 202의 핵이 붕괴하는 그 순간 작용하는 약력에만 굴복한다.

중성미자는 질량이 거의 없으므로 광속에 아주 가까운 속도로 움직이며 물질과 상호작용도 거의 하지 않는다. 그래서 Sanduleak −69° 202의 핵에서 나온 중성미자는 거의 아무런 제약 없이 별의 바깥 껍질을 통과한다. 중성미자는 엄청난 폭발과 함께 별로부터 나타나므로 1987년 2월 23일 16만 6,000광년 떨어진 지구에 도달할 때 중성미자의 선속(flux)은 cm^2당 300억 개나 된다. 그런데 중성미자는 자연의 힘(약력은 제외)과 무관하므로 검출하기 무척 어렵다. 당시 운행 중이던 가장 큰 중성미자 검출 장치인 일본의 카미오칸데(Kamiokande) II는 Sanduleak −69° 202의 핵붕괴를 통해 생성된 엄청난 양의 중성미자 폭발을 직접 실험하는데 중성미자는 단 11개만 검출되었다고 한다.

참조항목

163쪽 충격파가 대마젤란성운을 휩쓸다 | 기원전 16만 6000년

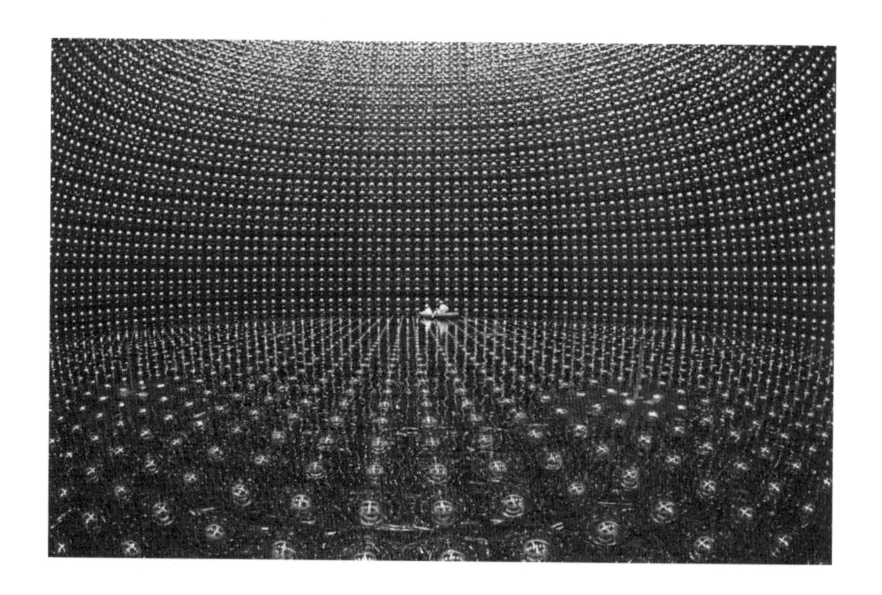

—

슈퍼카미오칸데(Super-Kamiokande)의 모습. 이전에 설치되었던 카미오칸데 II 처럼 슈퍼카미오칸데 역시 광 감지기로 뒤덮인 내벽을 갖춘 거대한 탱크이다. 광 감지기는 중성미자가 탱크 안의 물과 상호작용할 때 발생시키는 미세한 섬광을 포착한다.

충격파가 대마젤란성운을 휩쓸다

기원전 16만 6000년

대마젤란성운에 있는 무거운 별의 핵이 붕괴하여 초고압 상태의 중성자 덩어리가 된다. 이것이 팽창하면서 발생한 엄청난 충격파가 주위의 모든 물질을 휩쓸어버린다.

●

핵이 붕괴하고 엄청난 양의 중성미자가 발생하기 전 청색 초거성 Sanduleak -69° 202가 겪는 일은 다음과 같다. 이 초거성이 동반성 하나와 합병되면 두꺼운 가스 원반이 이것을 에워싼다. 이 원반은 초거성이 일으킨 강력한 항성풍에 의해 만들어진 것이다. 그 후 핵 붕괴가 일어난다. 이 유례없이 격렬한 사건으로 인해 엄청난 양의 중성자 덩어리가 생성된다. 이 중성자 덩어리는 극도로 압축되어 원자핵보다 높은 밀도를 갖게 된다. 이 초고밀도 물체는 즉시 팽창하는데 마치 주먹으로 꽉 움켜쥔 고무공이 바로 펴지는 것과 비슷하다. 이후 엄청난 충격파가 발생하면 이 별의 나머지 부분도 즉시 팽창한다.

또한 이 사건을 통해 거대한 중성자 선속(neutron flux)이 생기는데 이것이 별의 바깥층에 도달하고 그곳에 있는 원자핵과 상호작용한다. 원자핵은 전하가 없는 중성자를 밀어내지 않는다. 반대로 강력의 도움을 받은 중성자는 신속히 핵에 달라붙는다. 중성자가 핵과 결합했다고 해서 원소의 화학적 성질이 바뀌지는 않으며 단지 같은 원소의 동위원소가 생겨난다. 이 동위원소들은 스스로 붕괴할 수 있으나 중성자 선속이 너무나 강력해서 갓 탄생한 동위원소는 바로 또 다른 중성자 하나를 포획한다. 이 메커니즘은 아주 신속히 전개되므로 'r과정(r은 rapid란 뜻)'이라 불린다. 중성자 선속이 고갈되면 매질에는 아주 불안정한 동위원소들이 많아지고 이 동위원소들은 붕괴하여 우라늄을 비롯한 모든 자연 원소들의 안정적 동위원소가 된다.

충격파가 통과하여 초고온에 이른 팽창 중인 별의 바깥 껍질은 어마어마한 광채(태양 밝기의 10억 배)를 낸다. 이것이 바로 초신성이라는 신호이다. 이 사건은 'SN 1987A'라는 이름으로 등록되는데 남반구의 아마추어 천문가들이 1987년 2월 23일 밤에 발견한 것이 바로 이것이다. 며칠 후 SN 1987A의 섬광은 방사능만 빨아들이는데 이 방사능은 특히 코발트-56이 철-56으로 붕괴하여 나온 것이다. 이때 초신성의 밝기는 코발트-56의 밝기가 변함에 따라 감소하는데 코발트-56의 반감기는 77일이다.

주위의 모든 매질을 휩쓸고 간 충격파는 10년 후 별 주위를 감싼 원반의 내부 가장자리와 상호작용하는데 이 원반은 초신성이 내는 자외선으로 이미 밝아진 상태이다. 25년 후에야 방출된 물질은 더 느리게 움직여 이 원반의 내부 가장자리와 충돌한다.

참조항목

160쪽 중성미자의 거대한 폭발 | 기원전 16만 6000년
182쪽 별의 폭발과 죽음 | 기원전 4500년

커다란 운석이 지구와 충돌하다

기원전 5만 년

지름 50 m인 운석이 지구와 충돌해 산산조각이 된다. 이 충격으로 매머드와 거대 나무늘보가 뛰놀던 초원에 지름 1 km가 넘는 충돌구가 생긴다.

•

제4기 지질시대의 첫 시기인 홍적세 말기 무렵 커다란 금속 덩어리가 지구를 향해 돌진한다. 철과 니켈로 이뤄진 이 덩어리는 원시 태양계의 작은 천체에서 비롯된(대부분의 운석이 그러함) 것은 아니다. 오히려 형성 중인 원시 행성이 충돌로 인해 깨져서 나온 핵의 파편과 일치하는 것으로 보인다. 이 운석은 구성성분 덕분에 지구 대기의 가장 밀도 높은 곳을 지날 때 생기는 공기역학의 가혹한 속박을 꽤 잘 버텨내는데 암석이나 얼음으로 된 대부분의 운석보다 훨씬 더 잘 이겨낸다.

홍적세의 운석은 약 14 km 고도의 밀도가 점점 높아지는 공기층을 통과하면서 마침내 분해된다. 이때 이 운석은 초기 질량의 절반을 차지하는 주요 블록과 수많은 작은 파편들로 나뉘는데 이 파편들은 지상으로부터 4 km 높이에 지름 200 m의 공기 순환층을 형성한다. 온전한 상태의 주요 블록은 초속 12 km로 땅에 충돌하며 약 1경(10^{16}) J(줄)의 에너지를 방출한다. 작은 파편들은 대기에서 얼마간 기화되어 아주 격렬한 돌풍의 형태로 대기 중에 거의 같은 양의 에너지를 방출한다.

충돌로 인해 형성된 구덩이는 지름 1 km의 사발 모양이다. 이곳은 오늘날 '운석구덩이(Meteor Crater)'라는 이름으로 알려져 있는데 미국 서부 애리조나주 플래그스태프(Flagstaff) 동부에서 60 km 떨어진 곳이다. 충돌 당시 이 지역은 털이 수북한 매머드와 거대 나무늘보가 많이 사는 대초원이었는데 2만 년 후 아시아에서 온 인간 무리가 이것들을 대량 살상하기 전이었다. 충돌이 발생하자 히로시마에 투하된 핵폭탄의 수백 배 되는 에너지가 방출되고 그로 인해 발생한 과열 기류가 반경 수 킬로미터 내의 모든 생명체를 제거한다. 그러나 이 충격으로 지구의 기후에 영향을 미칠 만큼 많은 먼지가 분출되지는 않았고 한 세기 후 동식물이 충돌 지역 전체를 복원한다.

참조항목

89쪽 행성들의 탄생 | 45억 7천만 년 전
140쪽 지구 표면과의 충돌 | 6천 5백만 년 전

마그네타의 탄생

기원전 4만 5300년

우리은하의 활동 영역에서 강력한 자기장을 가진 중성자별의 껍질이 터지면서 엄청난 감마선 폭발이 발생하여 2004년 지구에 도달한다.

●

우리은하 저 멀리 궁수자리(Sagittarius) 방향으로 4만 7,000광년 이상 떨어진 곳에 무거운 별이 많은 큰 성단이 있다. 갑자기 그 별 중 하나의 핵이 붕괴해 중성자별이 되는데 이것은 빠르게 회전하며 자기장이 아주 강한 밀집 천체이다. 이런 특징을 가진 별들을 펄서라고 한다. 일반적으로 별이 붕괴하면 별의 자기장이 강해져서 펄서의 경우 자기장 세기가 1억 T(테슬라)에 달할 정도이다. 이 값은 지구 자기장 세기의 1조 배나 된다.

궁수자리의 펄서는 형성될 때 너무 빨리 회전하므로(초당 회전수 100회 이상) 붕괴 시 다이나모 효과(dynamo effect)가 더해져 결국 자기장 세기는 1천억 T에 이른다. 이 엄청난 세기의 자기장을 가진 펄서를 '마그네타(magnetar)'라고 부른다. 이 자기장은 아주 강해서 중성자별 표면에 엄청난 압력을 가한다. 결국 중성자별은 더 이상 견디지 못하고 갑자기 자기력을 방출하면서 거대한 감마선 폭발을 일으킨다.

2014년 유럽 천체물리학자들의 연구에 의하면 마그네타가 되는 별은 원래 하나가 다른 하나를 공전하는 아주 무거운 별 둘로 이뤄진 쌍성계의 일원이라고 한다. 두 별은 아주 가까이 붙어있어 둘 사이에 물질의 이동이 발생한다. 더 무거운 별이 자신의 껍질을 더 가벼운 동반성으로 이동시킨다. 무거운 별이 동반성을 점점 더 빠른 속도로 돌게 만들면서 초강력 자기장이 형성된다. 이렇게 질량이 이전된 후 동반성은 아주 무거워져서 이번에는 이 동반성이 최근 강착된 엄청난 양의 물질을 방출한 후 붕괴하여 마그네타가 된다.

궁수자리 마그네타는 1980년대 초부터 천체물리학자들의 시선을 끌었다. 이 별이 가끔 감마선 폭발을 일으키므로 학자들은 이 마그네타에 암호명 'SGR 1806-20(Soft Gamma Repeater, 약한 감마선 연속 방출원)'을 붙인다. 등록된 세 번째 폭발은 거대한 감마선 폭발로 2004년 12월 24일 지구에 도달한다. 이것은 아주 먼 별에서 온 것이긴 하나 지상에서 20 km 높이의 대기에는 해로운 영향을 미친다. 이 고도가 승객을 가득 실은 대형 여객기의 비행고도 보다 아주 조금 높을 뿐이라니 정말 아슬아슬하다.

참조항목

69쪽 우리은하의 원반 형성 | 88억 년 전
185쪽 우주공간을 환히 비추는 펄서 | 기원전 4500년

빛보다 빠른 것이 있을까?

기원전 3만 3900년

블랙홀이 빛의 속도보다 빨라 보이는 속도로 구형 물질 2개를 방출한다. 그러나 이것은 상대성원리로 인한 허상일 뿐이다.

•

범죄 현장은 우리은하 내에서 3만 4,000광년 정도 떨어진 곳이다. 무거운 별의 진화로 만들어진 블랙홀은 이따금 동반성인 적색거성의 물질을 빨아들인다. 이 항성계의 식인풍습은 중력을 통해 서로 묶여있는 쌍성계에서는 흔한 일이다. 빨아들이는 범인의 질량이 아주 특이하다. 이 블랙홀 질량은 태양질량의 14배인데 항성 블랙홀로서는 상당히 큰 편이다. 그런데 더욱 비범한 사실은 이 블랙홀이 일단 충분히 배를 채우고 나면 반대되는 두 방향으로 물질 다발을 방출한다는 점인데 이것은 광속의 90 % 속도로 날아간다.

유일한 증거는 사건의 각 단계에서 방출된 복사이다. 강착 단계에서는 X-선과 감마선이, 배출 단계에서는 전파가 방출된다. 4만 년 후 이 모든 복사가 지구 가까이 도달할 때 먼저 주목을 받는 것은 X-선과 감마선 복사이다. 1992년 러시아 위성 그라나트(Granat)에 탑재된 천문 관측기기를 담당한 천체물리학 연구팀은 광대역 카메라를 이용해 이 사건을 발견하고 이것을 GRS 1915+105로 등록한다. 이후 그라나트의 주 관측 도구인 프랑스의 시그마(Sigma) 우주망원경을 통해 이 사건의 근원이 관측되었는데 그것은 블랙홀 쌍성의 고유한 특징을 모두 보여준다.

시그마를 통해 수집된 데이터 덕분에 이제 1994년보다 더 정밀하게 GRS 1915+105의 천구상 위치를 측정할 수 있다. 프랑스계 아르헨티나 천체물리학자 펠릭스 미라벨(Félix Mirabel)과 멕시코의 루이스 로드리게스(Luis Rodriguez)는 VLA(VLA, Very Large Array, 장기선 간섭계)를 이용해 이것을 관측한다. VLA는 초정밀 전파 이미지를 만들어내기 위해 고안된 미국의 전파 간섭계이다. 당시 블랙홀 쌍성은 분출 단계에 있었으며 분출물의 속도가 빛의 속도보다 빠르다는 점을 발견한 두 천체물리학자는 놀랄 수밖에 없었다.

이 기이한 사실은 '빛의 속도는 등속 직선 운동을 하는 어떠한 움직이는 좌표에 대해서도 동일하다'는 점을 규정한 상대성원리와 관련이 있다. 분출물의 속도가 빛의 속도에 가까운 바로 이 경우에는 단순한 속도의 덧셈이 적용되지 않는다. 천체물리학자들이 물질 다발이 펴져나가는 것을 관측한 각도에서 보면 이 다발이 광속보다 빠르게 움직인다는 인상을 받는다. 그러나 이것은 허상에 불과하다. 빛의 속도를 초과하는 것은 SF영화에서만 가능한 것이다.

참조항목

152쪽 블랙홀의 향연 | 700만 년 전
176쪽 블랙홀 신성 | 기원전 1만 6000년
244쪽 슈바르츠실트 반지름 | 1916년

우리은하 중심의 반물질

기원전 2만 4650년

반물질의 신비로운 근원은 초당 100억 톤의 반입자를 방출한다. 이것들이 소멸하며 생긴 감마 복사를 인테그랄 우주 관측소가 탐지해낸다.

●

성간 흡수로 인해 1만 광년 이상 떨어져 있는 별들을 관찰하기 어려우므로 천체물리학자들은 오랫동안 우리은하의 중심부를 관측할 수 없었다. 그러나 오늘날의 사정은 다르다. 성간 먼지를 통한 흡수에 덜 민감한 적외선 촬영을 이용하기 때문이다. 그리하여 천체물리학자들은 많은 나선은하처럼 우리은하도 많은 별을 거느리고 중앙에 구형 팽대부를 가진 원반이라는 점을 깨닫는다. 적외선으로 촬영된 데이터에 따르면 반지름이 약 3,000광년인 이 팽대부는 핵을 제외하면 아주 늙은 별들로 이뤄져 있다고 한다.

더 놀라운 사실은 은하 팽대부(galactique bulge)가 활동적인 동시에 수수께끼 같은 반물질의 원천을 포함하고 있다는 점이다. 이 원천은 매초 전자의 반입자인 양전자를 100억 톤 방출하고 있다. 양전자가 팽대부를 둘러싼 아주 미세한 성간 매질 안에 흩어지면 이것은 결국 전자와 함께 소멸하는데 이 과정에서 감마선이 발생하고 이 감마선의 3분의 2는 일정한 파장으로 방출된다. 이 소멸 복사는 약 2만 7000년 후 지구 근처에 도달한다. 1970년대 초부터 관측된 이 복사를 통해 알 수 있는 점은 우리은하의 중심부에 양전자가 생산되기 적절한 장소가 있다는 것이었다. 그런데 2002년부터 시작된 유럽의 우주관측소 인테그랄(Integral)의 관측을 통해 마침내 그 장소의 경계가 정해졌으며 그것이 은하 팽대부와 일치한다는 점이 입증된다.

어떤 메커니즘을 통해 은하 팽대부에서 양전자가 이렇게 많이 생성될 수 있을까? 미국의 피터 밀른(Peter Milne) 같은 천체물리학자들은 핵융합 초신성, 즉 쌍성계의 백색왜성 폭발을 주목하라고 한다. 이 초신성은 붕괴할 때 양전자를 내는 니켈-56을 방출하는 것으로 알려져 있다. 은하 팽대부에서 이런 종류의 사건이 일어나는 비율은 아주 낮은 것으로 추정된다. 그래서 프랑스의 물리학자 셀린 보엠(Céline Boehm)과 동료들은 2003년 훨씬 색다른 시나리오를 제안한다. 이들에 따르면 양전자는 우리은하 중심부에 축적된 여전히 알려지지 않은 일종의 가벼운 암흑물질이 소멸할 때 생기는 부산물일지도 모른다.

참조항목

33쪽 물질이 반물질을 이기다 | 팽창 시작 10^{-6}초 후
69쪽 우리은하의 원반 형성 | 88억 년 전

적외선을 이용한 2MASS 스캐닝을 토대로 제작된 우리은하 중심부의 모습. 우리은하 팽대부가 뚜렷이 보인다.

초거대질량블랙홀

기원전 2만 4650년

400만 태양질량을 초과하는 블랙홀이 성간물질이 풍부한 우리은하 중심부에 있다.

●

상당히 큰 은하는 모두 초거대질량블랙홀을 가지고 있다. 우리은하의 핵에도 꽤 조촐한 크기이지만 태양질량의 400만 배가 넘는 초거대질량블랙홀이 존재한다. 이 블랙홀이 주변 성간물질을 조금이라도 끌어당긴다면 강착을 통해 우리 태양보다 수십억 배 강한 복사를 생성할 수 있을 것이다.

우리은하 중심부의 가스 기류는 이 블랙홀을 향해 상당량의 물질(매년 태양질량의 100분의 1 정도)을 이송한다. 이것은 블랙홀이 발생시키는 엄청난 복사량을 넘는 질량이다. 블랙홀 주위에 무거운 별이 없다면 만사형통일 것이다. 그러나 블랙홀 주변의 무거운 별 중 20개 이상이 강력한 항성풍을 내는 것으로 알려져 있으며 이 항성풍은 성간 가스가 블랙홀까지 도달하는 것을 방해한다. 블랙홀은 끌어당긴 물질 대부분을 잃어버리면 아주 약한 빛을 낸다.

지구에 도달하기 전 이 블랙홀의 복사는 일정 주파수대의 파장만 투과시키는 성간 매질 내에서 약 2만 7,000광년에 걸쳐 퍼져나간다고 한다. 천체물리학자들은 궁수자리 A*(약어로 Sgr A*)라는 밀집 전파원의 발견을 통해 최초로 우리은하 중심부 전파 영역에 블랙홀이 존재한다는 긍정적 신호를 얻어낸다. 이 명칭에는 이 별자리의 점상 외형을 상기시키는 별표가 붙어있다. 궁수자리 A*의 천구상 위치는 우리은하의 동적 중심과 일치하는데 우리은하의 모든 별이 이 동적 중심을 축으로 회전하고 있다. 밀리미터 전파 대역에서 궁수자리 A*를 관측한 결과 겉보기지름이 1만 분의 1각 초로 확인된다. 따라서 이 전파원은 1억 5천만 km 조금 못 되는 거리에 걸쳐 뻗어 있다.

최근에 한 국제연구팀은 신세대 적외선 카메라를 이용해 몇 년 간격으로 촬영된 이미지를 비교한다. 그 결과 어떤 별들이 궁수자리 A* 근처에서 아주 빠른 속도로 움직인다는 점을 밝혀낸다. 이것은 이 전파원이 아주 제한된 부피 안에 갇힌 무거운 별이라는 증거이며 초거대질량블랙홀이 존재함을 명백히 확인시켜 준다. 이제 남은 것은 EHT의 이미지처럼 이 블랙홀의 그림자 이미지를 만드는 것이다. EHT(Event Horizon Telescope, 사건지평선망원경) 협력 프로젝트는 이미 메시에 87 은하 중심에 있는 초거대질량블랙홀의 이미지를 제작한 바 있다.

참조항목

69쪽 우리은하의 원반 형성 | 88억 년 전
244쪽 슈바르츠실트 반지름 | 1916년
262쪽 최초의 블랙홀 이미지 | 2019년

블랙홀 신성

기원전 1만 6000년

파리자리 위치한 블랙홀 쌍성계가 갑자기 활동을 재개하자 X-선과 감마선 대에서 방사 폭발이 발생한다. 이것은 1991년 프랑스 시그마 우주망원경을 통해 발견된다.

•

블랙홀 쌍성은 우리은하 내에서도 우리은하가 스쳐 가는 남쪽 하늘의 작은 별자리인 파리자리(Musca)에 방향에 있다. 이 쌍성계에 속한 블랙홀의 질량은 태양질량의 7배로 상당히 크다. 이 블랙홀은 중력을 이용해 태양질량보다 가벼운 동반성의 표면층 조직을 풀어지게 함으로써 동반성에서 나온 많은 물질을 쉽게 빨아들일 수 있다.

사실 이 경우와 같은 많은 쌍성계에서 두 별 사이의 물질 이전은 거리를 두며 갑자기 이뤄진다. 블랙홀의 안쪽 경계는 과열된 물질의 원반으로 둘러싸여 있는데 이 원반은 아주 많은 양의 X-선과 감마선을 만들어낸다. 1만 8000년 후 이 복사는 지구 근처에 도달한다. 1991년 1월 러시아 그라나트(Granat) 위성에 실린 프랑스 우주망원경 시그마를 통해 파리자리라는 작은 별자리에서 새로운 광원이 탐지되는데 그 빛은 신속히 커져서 X-선과 감마선 사이 스펙트럼에서 가장 빛나는 별이 된다. 이후 이 광원의 선속은 조금씩 감소하여 결국 망원경의 탐지 한계 아래로 줄어든다.

이 활성 단계 내내 새로운 광원의 빛은 신성(nova)이 내는 빛과 같은 방식으로 변한다. 신성은 확실히 고대 천문학자들의 관심을 끌었다.

그들은 신성을 '새로운' 별이라 생각했는데 왜냐하면 전에는 별이 없던 천구상 지점에 갑자기 밤마다 어떤 별이 나타나는 것을 보았기 때문이다. 그들은 학자의 언어였던 라틴어로 이 별을 '노바 스텔라(nova stella, 새로운 별)'라고 불렀다. 현대 천문학자들에게 'nova'라는 용어는 갑자기 가장 밝은 별이 되어 최초의 광채를 조금씩 회복하는 별을 의미한다.

1991년 1월 이탈리아의 천체물리학자 안드레아 골드우름(Andrea Goldwurm)은 고전적인 신성 기준에 근거해 시그마 우주망원경의 데이터로 얻어진 이미지 속의 새로운 감마선원을 '파리자리 신성'이라 명명한다. 블랙홀 쌍성이 절정기에 이르면 양전자가 소멸하는 좁은 스펙트럼 대에서 강한 일시적 복사가 방출된다. 양전자를 생성하기 위해 파리자리 신성은 아마도 광속에 가까운 속도로 물질을 배출했을 것이다. 이것은 블랙홀 쌍성계에서 흔한 일이다.

참조항목

152쪽 블랙홀의 향연 | 700만 년 전

169쪽 빛보다 빠른 것이 있을까? | 기원전 3만 3900년

178쪽 미래의 초신성 | 기원전 1만 4000년

244쪽 슈바르츠실트 반지름 | 1916년

미래의 초신성
기원전 1만 4000년

고물자리 방향에서 쌍성 중 하나인 백색왜성의 빛이 갑자기 증폭된다.

●

약 1만 6,000광년 거리에 있는 상당히 무거운 백색왜성이 동반성의 대기를 포획한다. 백색왜성 표면에 축적된 물질이 압축되고 가열되어 초고온의 가스를 방출하는 폭발적 핵융합 반응을 시작한다. 이때 이 별의 250배로 빛은 엄청나게 밝아져 1만 6000년 후인 2000년 11월 천문학자들은 새로운 별로 추정되는 별을 틀림없이 보게 된다. 그들은 이 별이 나타나는 천구상의 별자리 이름을 따서 이 별을 '고물자리(Puppis) 신성'이라 부르게 된다.

프톨레마이오스(Ptolemaeus)를 필두로 한 고대 그리스의 천문학자들은 천구상에서 어떤 거대한 별자리의 경계를 정했는데 이 별자리의 별들은 이아손(Iason)이 황금 양털을 찾아서 타고 간 배 아르고(Argo)호의 자취를 그리는 것 같았다. 1750년대 초 프랑스 왕립과학아카데미의 일원이던 사제 니콜라 루이 드라카유(Nicolas-Louis de Lacaille)는 남반구에서 긴 체류를 시작하는데 그때까지 상당히 잘못 알려져 있던 남쪽 하늘을 관측하기 위해서였다. 아르고자리가 너무 크다고 생각한 그는 이 별자리를 더 작은 별자리 3개로 나누기로 하는데 그중 하나인 고물자리에서 2000년 11월 신성이 나타난다.

밝아진 빛의 근원에 큰 백색왜성이 있는데 이 별은 태양질량의 몇 배 되는 별이 진화하며 남긴 잔재이다. 이 별은 원자핵(탄소와 산소)과 전자의 걸쭉한 혼합물이며 이 전자들은 피할 수 없는 붕괴에 저항한다. 사실 이 전자들은 이른바 페르미(Fermi) 압력을 행사한다. 페르미 압력이란 같은 미립자(전자처럼)계에서 같은 양자 상태에 있는 것을 하나 이상 찾을 수 없다고 규정한 양자역학의 원리에서 나온 것이다. 이 배타원리 때문에 이미 가능한 모든 상태를 점유하고 있는 전자 집단은 그곳에 자리 잡고자 하는 새로운 전자에게 조금의 자리도 내주지 않는다. 그러므로 백색왜성의 경우 전자들이 행사하는 압력이 효과적으로 자신의 붕괴에 맞서는 방법이다.

그러나 고물자리 신성의 근원이 되는 백색왜성은 자신의 안정성을 더 이상 보장할 수 없는 페르미 압력을 넘어선 한계점에 근접한 질량을 이미 갖고 있다. 물질이 조금이라도 더 유입되면 일반적인 핵융합 폭발이 일어나고 이어서 초신성이 폭발한다. 이 핵융합 초신성은 그 전조에 불과한 신성의 빛보다 훨씬 밝은 빛을 방출한다.

참조항목

176쪽 블랙홀 신성 | 기원전 1만 6000년

용골자리 에타 별의 폭발

기원전 5500년

우리은하에서 가장 무거운 별 하나의 핵이 엄청난 압력을 받아 거대한 물질 폭풍을 일으키고 그로 인해 이 별은 갑자기 밝아진다.

•

18세기에 니콜라 루이 드 라카유(Nicolas Louis de Lacaille)는 아르고(Argo)호 자리의 크기가 비정상적이라 판단하여 이 별자리를 재정비한다. 그리하여 별자리를 3개의 더 작은 구역으로 나누어 자연스럽게 당시 선박의 각 부분을 지칭하는 이름을 붙인다. 그래서 그가 만든 새로운 별자리 3개의 이름은 돛자리(Vela), 고물자리(Puppis), 용골자리(Carina)이다. 이 용골자리에 위치한 용골자리 에타 별은 태양으로부터 7,500광년 떨어져 있고 우리은하에서 가장 무거운 별 중 하나이다.

태양보다 100배 무겁고 500만 배 밝은 용골자리 에타 별은 원심력 효과로 스스로 분해되어 없어지는 한계에 아주 가까운 속도로 자전한다. 따라서 이 별은 아주 납작해 보인다. 이 별의 양극은 핵융합 주기가 펼쳐지는 곳과 아주 가깝고 이 핵융합을 통해서 어마어마한 양의 방사선이 방출된다. 이때 이 방사선은 양극의 표피층에 엄청난 압력을 행사하는데 그로 인해 극이 부풀어 올라 결국 파열된다. 이것이 바로 폭발이다.

양극에서 벗어난 과열된 가스 덩어리로 인해 용골자리 에타 별에서 초신성의 빛이 나오게 되고 그 파장이 1840년대의 지구에 도달한다. 이 사건 이전에 용골자리 에타 별은 용골자리 별 중에서 빛의 세기로는 일곱 번째로 밝은 별(그리스 문자에서 에타는 일곱 번째 문자임)에 불과했다. 폭발이 있고 나면 용골자리 에타 별은 시리우스(Sirius) 다음으로 하늘에서 두 번째로 가장 밝은 별이 된다. 이후 이 별의 운동은 아주 혼란스럽게 나타나는데 1860년대 말에는 거의 보이지 않던 용골자리 에타 별이 1990년대에 다시 빛나기 시작한다. 격렬한 불안정 단계 후에 이렇게 빛의 변화가 나타나는 것을 보면 이 별이 곧 진화의 끝에 도달한다는 것을 알 수 있다.

용골자리 에타 별은 그 모양 때문에 가까운 미래에 기나긴 감마선 폭발의 원인이 되는 엄청난 밝기의 폭발을 일으킨 후 극초신성(hypernova)이 될 수도 있다. 우연히 용골자리 에타 별이 그러한 감마선 폭발을 시작하여 거기서 나온 두 제트 중 하나가 지구에 도달하면 세상의 종말이 찾아올 수도 있다. 우리의 가여운 지구가 수백만 개의 원자 폭탄이 방출하는 에너지와 맞먹는 타격을 입을 것이기 때문이다. 그토록 많은 에너지가 재앙적인 충격파를 낼 것이고 그 충격파는 대기의 가장 깊은 곳까지 파고들어 어마어마한 화재와 상상을 초월하는 폭풍을 일으킬지도 모른다.

참조항목

53쪽 원시별이 재앙적 소멸 | 132억 년 전
72쪽 맨눈으로 보이는 감마선 폭발 | 77억 년 전
182쪽 별의 폭발과 죽음 | 기원전 4500년

별의 폭발과 죽음

기원전 4500년

진화의 끝에 다다른 별의 핵이 붕괴할 때 생긴 엄청난 폭발이 별의 외포부 전체로 전달되어 게성운을 형성한다.

•

황소자리(Taurus) 방향 6,500광년 거리에 태양질량 10배인 별이 있다. 이 별의 핵이 붕괴하면 초밀집 천체가 탄생한다. 주로 강력에 의지해 서로 붙어있는 중성자로 이뤄진 이 천체는 거대한 원자핵을 닮았다. 이 무거운 초밀집 천체가 갑자기 팽창하면 별의 바깥 껍질이 온통 주위로 흩어진다.

이렇게 과열된 물질이 방출되면 별의 밝기가 증가하는데 이 사건을 주저 없이 '초신성(supernova)'이라 부를 수 있을 정도로 밝아진다. 이 사건의 여파가 지구에 도달한 것은 1054년이며 이 별은 오늘날 'SN 1054'로 등록되어 있다. 방출된 물질은 성간 매질에 퍼져 빠르게 팽창하는 복잡한 섬유질 모양의 구조를 이룬다. 오늘날 이 물질의 팽창 속도는 여전히 초당 1,500 km이다. 조개껍질 모양을 한 초신성의 수많은 잔해와 반대로 SN 1054의 잔해는 윤곽이 불분명한 섬유질 모양 성운이다.

의사이자 천문학자인 영국의 존 베비스(John Bevis)가 1731년 이 성운을 발견한다. 프랑스의 천문학자 샤를 메시(Charles Messier)에는 1758년 이것을 다시 발견하는데 이때 그는 에드먼드 핼리(Edmond Halley)가

1705년부터 회귀할 것이라 공언했던 혜성을 발견하려고 하늘을 탐색하고 있었다. 1844년 로스(Rosse) 백작 3세인 부유한 아일랜드 천문학자 윌리엄 파슨스(William Parsons)는 아일랜드 중심부에 있는 자신의 버(Birr) 성에서 지름 90 cm 망원경으로 이것을 관측한다. 그가 그린 그림이 어렴풋이 게를 닮아있어 이 성운을 '게성운(crab nebula)'이라 부르게 된다.

우주에 있는 대부분의 천체들이 내는 빛은 일차적으로 온도(열복사)에 따라 다르다. 그런데 이와 달리 게성운은 싱크로트론(synchrotron) 성질의 복사를 낸다고 알려져 있다. 싱크로트론 복사는 SN 1054라는 잔류 밀집 천체 즉 자기장이 매우 강한 중성자별인 펄서 근처에서 가속되는 고에너지의 전자들이 만들어내는 복사 메커니즘이다. 성운 내에서 강한 자기장의 힘으로 가속된 입자들이 안으로 굽은 궤도를 따라갈 때 이 입자들은 이른바 싱크로트론 복사를 낸다. 이 복사의 성질은 1947년 제너럴 일렉트릭(General Elctric)사의 전문가들이 싱크로트론 타입의 전자 가속기 실험에서 관측한 복사의 성질과 같다.

참조항목

185쪽 우주공간을 환히 비추는 펄서 | 기원전 4500년
217쪽 새로운 별 하나 | 1054년

초거대망원경 VLT 4개 중 하나인 퀘옌 망원경으로 촬영된 게성운의 모습. 성운의 밝은 부분에서 나오는 빛은 초고에너지 전자가 만들어낸 싱크로트론 복사이다.

우주공간을 환히 비추는 펄서

기원전 4500년

빠른 속도로 회전하며 강한 자기장을 가진 중성자별 펄서는 고에너지 입자들로 이뤄진 2개의 제트를 양극에서 방출하는데 이 제트 시스템은 온 우주를 비추는 복사 다발을 만들어낸다.

●

SN 1054 광원인 별의 핵이 붕괴할 때 보존되는 2개의 중요한 물리량은 바로 각운동량과 자기선속이다. 각운동량은 핵의 질량, 별의 회전 속도, 그리고 반지름의 제곱에 비례한다. 이 별의 자기선속은 별의 표면, 즉 별의 반지름 제곱에 비례하고 별의 자기장 세기에도 비례한다.

핵이 붕괴할 때 2가지 물리량이 보존되면 줄어든 반지름의 제곱에 비례하여 회전 속도가 빨라지고 자기장이 강해진다. 결국 핵의 붕괴로 인해 생성된 중성자별은 크기가 소행성만 하고 반지름이 15 km 정도인데 회전 속도는 점점 빨라져서 초당 50회 정도가 되고 자기장도 세져서 지구 자기장의 1조 배가 된다.

그러므로 게성운에 있는 이 유명한 펄서는 아주 빨리 회전하는 거대한 자석과 비슷하고 마치 자전거의 조명을 비출 정도가 되는 몇 볼트의 전기를 생산하는 발전기와 같다. 펄서의 표면 전압은 수천조 볼트에 달한다. 이렇게 엄청난 전기장과 자기장은 입자들을 빛의 속도에 가깝게 가속시키는 데 필요한 재료가 된다. 강한 자기에 의해 궤도가 휜 펄서의 두 자극(磁極)에 좁은 다발 모양으로 모여 있는 가속되고 있는 전자는 싱크로트론 복사를 발생시킨다. 이 복사는 두 극의 축을 따라 정렬된 좁은 다발 모양으로 수렴된다.

펄서의 자극(磁極) 축은 회전축과 일치하지 않는다. 따라서 싱크로트론 복사 다발은 온 우주를 비춘다. 바닷가 등대의 빛다발이 규칙적으로 연안을 비추듯 펄서도 주기적으로 우주공간을 밝게 비춘다. 1968년 미국의 천체물리학자 리처드 러브레이스(Richard Lovelace)와 동료들은 푸에르토리코섬 북부 연안의 아레시보(Arecibo)에 위치한 지름 300 m인 전파망원경을 통해 이 펄서를 발견한다. 데이터를 보면 이 펄서는 게성운 중심부에 있으며 초신성 SN 1054의 잔해임을 알 수 있다. 펄서의 회전주기가 초당 33회인 점을 볼 때 분해되지 않을 만큼 빨리 회전하는 이 별은 중성자별일 수밖에 없다는 점을 확인할 수 있다.

참조항목

182쪽 별의 폭발과 죽음 | 기원전 4500년

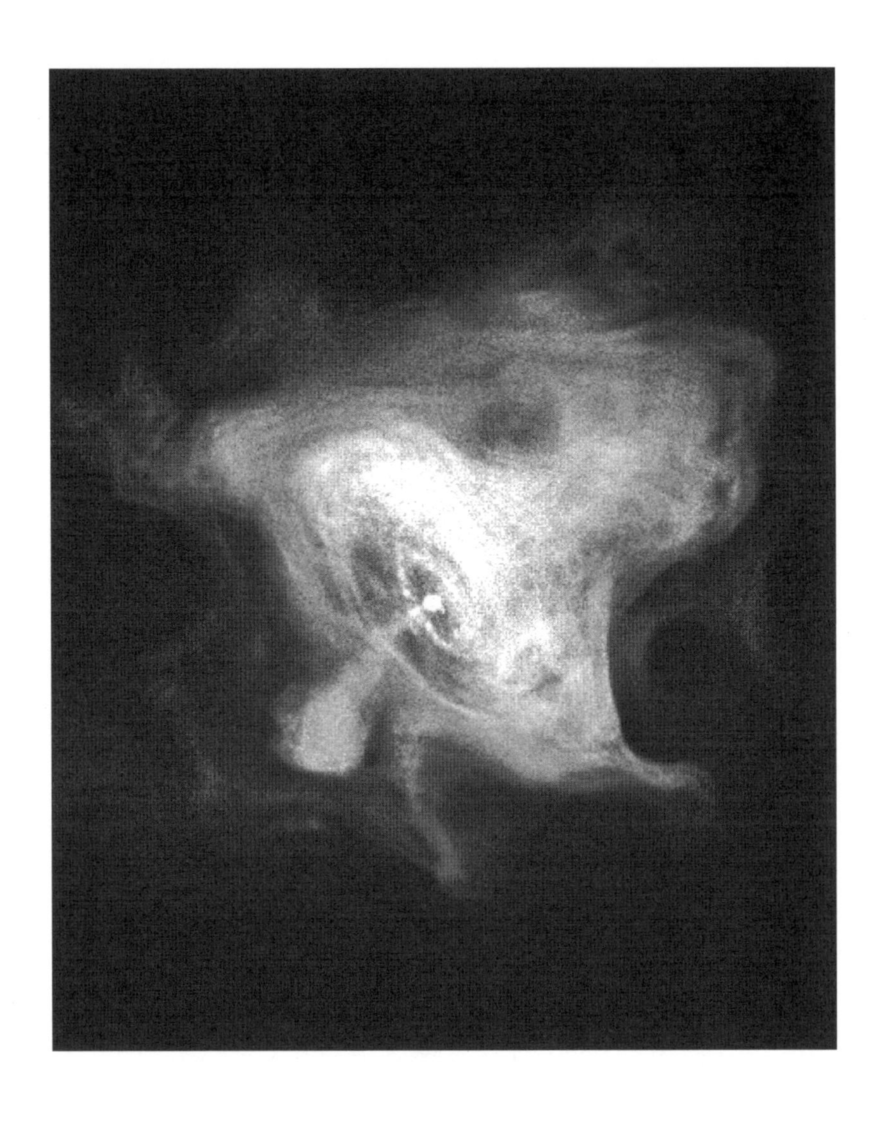

찬드라(Chandra) 우주망원경을 통해 X-선으로 촬영된 게성운 중심부의 모습. 게성운은 그 안에 있는 펄서(이미지 중앙의 밝은 점)의 강한 자기장을 통해 만들어진다.

PART 5

발견의 시간

오천 년 전 문자의 등장으로 역사시대가 시작된다. 빅뱅 이후 흘러온 138억 년이라는 시간에 비하면 이 기간은 아주 짧다. 그러므로 이 책의 제5부는 우주의 발자취에 영향을 준 일련의 자연적 사건을 소개하는 것으로 만족할 수 없다.

지난 수천 년 동안 인간은 자신의 환경을 이해하려 애썼다. 오천 년 전 시간을 지배하면서 모든 것이 시작된다. 이후 합리적 사고의 초석을 세웠고 그럼으로써 인류는 우주의 메시지를 조금씩 해석해가고 있다. 이렇게 시작된 일련의 발견들은 사고의 범위를 고대 그리스의 대가들에게까지 점차 확장시키고 이 대가들의 많은 작품은 아랍과 페르시아 석학을 통해 서양에 도달한다.

코페르니쿠스, 케플러, 갈릴레이, 데카르트, 뉴턴 같은 유럽의 석학들과 함께 반계몽주의에 맞선 이성은 영원의 문을 반쯤 열어젖힌다. 단 몇 세기 후 태양계가 방정식으로 정리되자 온 우주의 깊이 숨겨진 비밀이 드러나기 시작한다.

그리하여 18세기 말 존 미셸(John Michelle)이나 피에르 시몽 드 라플라스(Pierre Simon de Laplace)는 빛을 포함해 모든 것을 억류하고 있는 밀집성이라는 개념을 만들어낸다. 20세기에는 알베르트 아인슈타인(Albert Einstein)의 일반상대성을 통해 영감을 받은 카를 슈바르츠실트(Karl Schwarzschild)나 미국의 존 휠러(John Wheeler) 같은 천체물리학자들이 이 개념을 공식으로 정리해 '블랙홀'이란 이름을 붙인다. 마침내 21세기에는 미국의 셰퍼드 돌러먼(Sheperd Doeleman) 같은 천체물리학자들이 이 천체의 이미지를 최초로 얻어내는 데 성공한다.

그러나 승리를 거둔 인류는 생각이나 망원경이라는 도구를 이용해 우주를 탐사하는 데 만족하지 않는다. 인류는 우주를 정복하고자 한다. 인간 몇이 달 표면을 걸었고 인류의 우주선 중 하나가 혜성에 올라섰다. 이후 인류는 더 먼 우주를 향해하며 스위스의 천체물리학자 미셸 마요르(Michel Mayor)와 디디에 켈로즈(Didier Queloz)가 이미 발견한 수천 개의 외계행성들을 향해 나아가고 있다.

시간의 지배

기원전 3000년

시간을 지배하고자 하는 마음은 인류 역사에서 아주 먼 옛날 중국과 바빌론까지 거슬러 올라간다. 그러나 역법이 최초로 만들어진 곳은 고대 이집트이다.

•

기원전 3000년 사막 한가운데 좁은 띠 모양의 비옥한 땅에 살던 100만 명의 이집트인들은 해마다 불어나는 나일강과 이 강이 운반해온 진흙에 의존해 살아간다. 이 풍부한 수량이 언제 회귀할지 예측하기 위해 이집트인들은 천문학에 의지한다. 나일강의 범람이 시작되는 시기는 하늘의 가장 밝은 별인 시리우스가 새벽에 보이는 날과 일치한다. 다시 말해 시리우스가 일출 직전에 뜨는 날이 한 해 농사 주기의 첫 번째 날이다. 이 나일강 유역의 역법이라고 하는 개략적인 태양력에는 커다란 결함이 있다. 그것은 한해의 길이가 태양년보다 짧다는 점인데 춘분점의 세차(歲差)로 인해 시리우스가 일출 직전에 뜨는 날이 매년 어긋나기 때문이다. 그럼에도 불구하고 이 역법은 수천 년간 사용되다 이후 율리우스 카이사르의 개정 역법이 기준 역법으로 사용된다.

기원전 2350년부터 이집트인들은 낮과 밤을 24시간으로 나눈다. 낮과 밤은 한 해의 시기에 따라 다르지만 각기 12시간쯤 된다. 시간의 흐름을 계산하기 위해 그들은 낮 동안에 해시계를 이용하고 밤에는 '10분각(decan)'이라고 하는 36개의 별, 예를 들면 시리우스, 플레이아데스, 오리온자리 같은 별들을 이용한다. 하늘의 여신 누트(Nout)는 매일 아침 태양신 라(Ra)를 출산하는데 라는 배를 타고 낮 동안 여행을 하다 해가 저물수록 노쇠해진다. 갓 태어난 라는 신성갑충(scarab)으로 정오에 힘의 절정기를 맞이하여 세상 최초의 창조자가 되지만 황혼 녘에는 노인이 되고 만다. 밤 12시간 동안 라는 사악한 신들에 섞여 밤과 사후의 삶이라는 무서운 세계 즉 저승을 여행한다.

많은 문화권에서 태양은 한 해 주기의 기준이 되는데 '태음태양력'이라는 역법을 가지고 태음주기를 태양력에 통합한다. 태양년에 가장 가깝게 만들려면 어떤 달에는 며칠을, 어떤 해에는 한 달을 보태는 것이 좋다. 중국에서 로마에 이르는 온화한 기후대의 모든 선사 역법도 마찬가지이다. 갈리아 역법의 경우도 그러한데 프랑스 앵(Ain) 지방 콜리니(Coligny)에서 발견된 커다란 청동판이 그 증거이다.

마침내 이슬람력 같은 순태음력도 등장한다. 이렇게 한 해를 계산하면 태양년보다 11일 정도 짧다. 이드 알피트르(Eid al-Fitr) 같은 헤지라력 주요 기념일이 매년 달라지는 것도 그 이유이다. 이드 알피트르는 라마단 월의 금식 기간의 끝을 알리는 축제로 622년 마호메트와 제자들이 메디나로 이주한 헤지라를 기념하는 날이다.

유카탄반도 인근에서 출현한 마야문명은 10세기까지 수학과 천문학 분야에서 상당한 지식을 발전시킨다. 마야인들에게 시간에 대한 깊은 지식은 신과의 관계를 이루는 조건이어서 필요 불가결한 것이었다. 문자는 인간이 생각하는 시간에 대한 지식을 새기는 도구이다. 그러므로 시간은 언어와 혼동될 수 있다. 순환하는 시간은 아주 먼 옛날부터 돌아가고 있는 바퀴나 톱니바퀴장치로 표현된다.

기원전 46년 율리우스 카이사르(Gaius Julius Caesar)는 알렉산드리아 출신의 소시게네스(Sosigenes) 같은 과학자들이 정한 최초의 역법을 제정한다. 새로운 율리우스력은 로마공화국력을 대체한다. 로마공화국력은 대신관이 도입한 윤달로 인해 결국 농사와 관련된 축일과 실제 계절이 점점 많이 어긋나게 되자 받아들이기 힘든 역법이 되었다. 그런데 1년이 언제나 365일 열두 달로 나뉘고 윤년일 때 즉 4년에 한 번 윤일이 추가되는 이 율리우스력은 다시금 괴리를 일으킨다. 그리하여 전통적으로 춘분의 첫 번째 보름날 직후 일요일로 정해져 있는 기독교 축제인 부활절 날짜도 조금씩 여름에 가까운 날짜로 옮겨진다.

이렇게 축적된 오차를 메꾸고자 1582년 교황 그레고리우스(Gregorius) 13세는 독일의 예수회 신부이자 수학자, 천문학자인 크리스토포루스 클라비우스(Christophorus Clavius)의 작업에 기초한 새로운 역법을 채택한다. 교황은 1582년 10월 4일 목요일의 다음 날이 1582년 10월 15일 금요일이 될 것이라 공포한다. 카톨릭 국가들은 이 새로운 그레고리력을 도입한다. 당시 교황과 갈등 관계에 있던 잉글랜드 왕 헨리 8세는 1752년이 되어서야 이 역법을 수용한다. 러시아와 그리스 같은 동방정교회 국가들은 20세기가 되어서야 그레고리력을 채택한다. 새로운 역법으로의 이동에 진통이 없을 리 만무하다. 당시 잉글랜드에서는 새 역법으로 인해 시위가 일어나는데 이 역법에 항의하는 사람들은 “우리에게 10일을 돌려주시오!”라 쓰인 현수막을 들고 있었다고 한다.

참조항목

207쪽 히파르코스의 업적 | 기원전 150년

프랑스 리옹(Lyon)의 고대 갈리아-로마 박물관 루그두눔(Lugdunum)에 전시된 콜리니(Coligny)의 갈리아 달력. 기원전 2세기의 것으로 갈리아어로 쓴 텍스트 중 가장 긴 것으로 알려져 있다.

스톤헨지, 신석기 천문대

기원전 2800년

오늘날 잉글랜드의 남쪽, 높이 5 m의 선돌로 만들어진 원형의 신석기 제단 중앙에서 사제들은 하지와 동지에 태양의 위치를 관측한다.

•

이 독특한 장소의 첫 번째 건축물이 배치되기 시작한 것은 기원전 2800년쯤이다. 이곳은 지름이 약 110 m 되는 작은 도랑으로 둘러싸인 제방 안쪽에 위치한 둥근 형태의 성곽이다. 유적지 전체는 완만한 경사면에 있으며 부지 자체가 겉보기에 주변 경관과 크게 달라 보이지 않는다. 이곳에 현재는 희미한 흔적만 남아있는 목재 구조물이 세워진다. 그러나 이곳으로부터 250 km 떨어진 웨일스에서 가져온 청석이 사용되자 목재는 폐기된다.

기원전 3000년대 말 이곳 중앙에 거석 75개로 이뤄진 거대한 복합단지가 세워진다. 돌은 모두 40여 km 거리의 채석장에서 나온 것이다. 돌덩이 중 가장 무거운 것은 45톤까지 나가는데 이것을 운반한 것은 유례없는 집단 공학의 성과를 보여준다. 이 작업에는 수십 년 동안 수천 명의 노동력이 동원된다. 돌 30개가 지름 33 m의 원을 형성하고 이 원과 각 거석 간 최대 간격은 7 m이다. 이 거석들 위에는 높이 올려진 돌들이 연속적으로 이어진 고리 형태의 상인방이 있다.

이 구조물 중앙에는 3석문(돌 2개가 수직으로 세워지고 그 위에 세 번째 돌이 상인방 형태로 얹어진 것) 구조체들이 말발굽 모양의 회랑처럼 배치되어 있다. 이 상인방 형태의 돌들은 모두 '스톤헨지(Stonehenge, 고대 영어로 '매달린 돌'이란 뜻)'라는 명칭에 부합된다.

스톤헨지는 기원전 5000년에서 1500년 사이에 세워진 수많은 거석 유적지 중 하나에 불과하다. 이런 유적지는 미국, 유럽과 이집트에도 존재하며 유럽에서 가장 오래된 곳은 기원전 5000년에 세워진 몰타 고조(Gozo) 섬에 있는 거인들의 탑 주간티아(Ggantija) 유적이다. 켈트족이 서유럽 유적지 중 일부에 대해 다시 소유권을 주장하기는 하지만 이 유적지들은 켈트족 이전 시대 문명이다. 스톤헨지는 적어도 남아있는 요소들의 중요성 면에서 보면 가장 뛰어난 볼거리 중 하나이다. 마법사 멀린(Merlin)이나 드루이드교 사제들과 관련된 가설도 있고 이 유적을 일종의 천체 운동의 '계산기'로 바꾸어버리는 근거 없는 가설도 있으나 그것들을 넘어 확실한 사실은 스톤헨지가 장례나 종교의식에 관련된 천문학적 지식을 사용한 곳이라는 점이다.

참조항목

190쪽 시간의 지배 | 기원전 3000년

탈레스의 정리

기원전 560년

밀레투스의 탈레스는 자신의 정리를 적용하여 거대 피라미드의 높이를 측정한다. 그의 제자인 밀레투스의 아낙시만드로스는 이후 원통형의 지구가 우주의 중심을 차지하는 모형을 구상한다.

●

기원전 7세기부터 이집트인들과 메소포타미아인에 이어 그리스인들은 천체 운동에 관한 확고한 지식을 발전시키고 서양 학문의 초석을 놓는다. '행성(planet)'이라는 단어가 프랑스어에 도입된 것은 12세기로 그 어원은 고대 그리스어 플라네테스 아스테레스(planêtês astêrês, '떠돌이별'이란 뜻)인데 이것은 항성(별)과 반대로 천구상의 위치가 고정되어 있지 않은 7개의 별(태양, 달, 수성, 금성, 화성, 목성, 토성)을 가리킨다.

탈레스(Thales)는 오늘날 터키에 있었던 밀레투스에서 기원전 630년경 태어난다. 수학자, 엔지니어, 철학자, 정치가이며 특히 천문학자였던 그는 고대의 7대 현인 중 한 명이다. 그는 기원전 585년 5월 28일의 일식을 상당히 정확히 예측한다. 그는 첫 번째 이집트 여행 당시 오늘날 자신의 이름을 딴 탈레스 정리를 적용해 쿠푸왕의 대피라미드의 높이를 측정한다. "나와 내 그림자 간 비율은 피라미드와 그것의 그림자의 비율과 같으며 내 그림자의 길이가 내 키와 같을 때 피라미드의 그림자는 그것의 높이와 같을 것이다." 이 유명한 정리를 바빌로니아인들은 이미 알고 있었지만 입증하지 못했을 뿐이었다.

탈레스의 제자인 밀레투스의 아낙시만드로스(Anaximandros)는 바빌로니아에서 이미 사용 중이던 해시계를 그리스에 도입하여 춘분과 추분을 정한다. 이 기구와 함께 기하학 지식을 갖추고 있던 그는 계산을 통해 춘분과 추분을 결정한 최초의 그리스인이다. 또한 아낙시만드로스는 지구가 우주에 매달린 원기둥이라 보는 세계에 대한 역학 모형을 처음으로 생각해낸 사람이다. 원기둥의 평평한 면 중 하나는 인간이 거주하는 면이다.

또한 아낙시만드로스는 알려진 최초의 세계지도 제작자이다. 그는 이 세계지도가 둥근 형태이며 중앙에 에게해가 있고 유럽, 아시아, 리비아(아프리카)의 3대륙으로 나뉜다고 보았다. 지중해가 유럽과 아프리카를 나누고 흑해가 유럽과 아시아를 나누며 나일강이 아시아와 아프리카를 나눈다. 3대륙은 외부의 대양으로 둘러싸여 있다. 유명한 그리스 지리학자인 밀레투스의 헤카테우스(Hecataeus)는 자신의 지도를 만들 때 아낙시만드로스에게서 영감을 얻었던 듯하다. 아마도 그가 만든 간략한 국지적 지도가 이집트와 바빌로니아에 같은 시기에 존재했을 것으로 추정되지만 고대 그리스인들에게 알려진 세계 전체를 나타내려고 처음 시도했던 사람은 바로 아낙시만드로스이다.

참조항목

207쪽 히파르코스의 업적 | 기원전 150년

여러 분야의 조화

기원전 530년

피타고라스는 크로토네에 공동체를 세우고 그곳에서 수학, 천문학, 음악을 가르친다. 이곳에서 음악과 천문학의 지속적 관계가 시작된다.

●

피타고라스(Pythagoras)는 자신의 이름을 딴 유명한 정리로 잘 알려져 있으나 그의 연구는 기하학 이외에 철학, 수학, 음악, 천문학에도 영향을 주었다. 그는 저녁별(날이 저물 때 처음으로 보이는 별)과 아침별(해가 뜰 무렵 마지막으로 보이는 별)이 똑같은 별인 금성이라고 주장하는데 이 점을 바빌로니아인들은 이미 알고 있었다. 또한 피타고라스는 지구가 둥글다고 주장했는데 흔히 지구 구형설은 파르메니데스(Parmenides)의 것으로 생각되기도 한다. 그리고 그는 처음으로 하늘을 '코스모스(cosmos)'라 부른 사람이다. 코스모스는 고대 그리스어에서 비롯된 용어로 혼돈과 반대로 질서를 가진 세계를 뜻한다.

피타고라스는 에게해 동쪽의 사모스(Samos)라는 그리스 섬에서 기원전 570년경 태어난다. 그의 아버지는 델포이 신전 여사제에게 질문하고 답을 받는데 그에 따라 당시 수태 중이던 아내는 용모와 지혜가 뛰어난 아이를 출산한다. 그리하여 아버지는 아들의 이름을 '여사제(Pythia)가 탄생을 점쳤다'는 뜻으로 피타고라스라 짓는다. 17세의 피타고라스는 올림픽에 참가하는데 이때 주먹만 사용하는 고대 권투 시합에 참가해 모두 승리를 거둔다.

이후 그는 페니키아, 이집트, 바빌로니아, 크레타 그리고 트라키아와 델포이에서 여러 신비주의적 교리에 입문한다. 기원전 532년 마침내 그는 이탈리아 최남단, 지금의 칼라브리아주 서쪽 해안의 마그나그라이키아(Magna Graecia)의 한 도시 크로토네(Crotone)에 자신의 학파를 세운다. 학파와 수도회 사이쯤 되는 피타고라스 학파는 지식과 재산을 공동 소유하는 철학적, 과학적, 정치적, 종교 의례적 공동체이다. 그러나 피타고라스 학파 사람들은 크로토네의 전제적 지배체제를 지지했고 결국 민중 봉기가 일어날 때 이 학파는 소멸한다.

이외에도 피타고라스는 화성의 법칙을 발견하여 진동하는 끈의 길이와 끈이 내는 소리의 높이 사이에 관계가 성립한다는 점을 증명한다. 피타고라스 학파는 이 관계성을 천체로 확장한다. 그러므로 세계는 수학적일 수 있다. 스미르나의 테온(Theon)도 이렇게 말한다. "피타고라스 학파에 따르면 음악은 반대되는 것들의 조화로운 결합이요 다중적인 것들의 통합이며 대조되는 것들로 이뤄진 화음이다."

피타고라스는 당대와 그 이후에도 계속 영향력을 미치는데 그럼에도 불구하고 그가 직접 쓴 저서는 존재하지 않고 제자들이 쓴 것으로 알려진 것들만 전해 내려온다.

참조항목

196쪽 탈레스의 정리 | 기원전 560년

아리스토텔레스의 천체론

기원전 335년

플라톤의 제자이며 친구인 아리스토텔레스는 자신의 철학 학파를 탄생시키고 중세에 이르기까지 지배적이었던 세계 개념의 기초를 세운다. 이것은 그의 저서 『천체론』의 별들에 관한 이론에 나타나 있다.

•

기원전 399년 소크라테스(Socrates)가 죽은 후 플라톤(Platon)은 자신의 안전을 위해 아테네를 떠나 메가라로 간다. 메가라는 그리스 중부와 펠로폰네소스반도를 잇는 지점에 세워진 도시국가이다. 이후 그는 키레나이카(지금의 리비아)의 그리스 도시 키레네로 갔다가 마그나 그라이키아(지금의 이탈리아 남부)로 가서 피타고라스 학파를 만나고 결국 이집트에 가서 헬리오폴리스의 사제들과 함께 지낸다. 바로 이 여행 도중 플라톤은 자신의 사고 체계를 형성한다. 기원전 387년 아테네로 돌아온 플라톤은 피타고라스 학파에서 영감을 얻어 아카데미아라는 학교를 만든다. 그는 뒤늦게 마지막 저서인 『티마이오스(Timaios)』에서 자신의 철학 체계에서 유래한 코스모스의 구성을 설명한다.

신과 생명체로 이뤄진 세계를 조성할 때 일정 수의 행위자와 재료가 사용되는데 그것은 조물주, 이데아, 세계의 혼, 세계의 몸, 그리고 질료이다. 조물주는 세계 밖에 있는 신으로 세계의 혼과 몸을 창조한다. 신의 역할은 거기에 그치지 않는다. 이데아를 비롯하여 질료를 안내하는 것이 바로 신이기 때문이다. 또한 조물주는 시간의 근원이고 시간은 별들의 움직임을 고정한다. 이 시간 주기의 규칙성이 시간 측정을 가능케 한다. 시간은 그 명백한 순환성을 통해 영원을 가장한다. 영원히 자신과 동일한 시간은 부동의 영원이 동적으로 표현된 것이다.

세계는 영혼과 육체를 가진 살아있는 개체이며 코스모스는 기존의 원소들로 구성된 지각 가능한 세계의 합리적 조직체이다. 이것은 조직되지 않은 원소에서 출발하여 생성되고 조직된 관념적 집합체이다. 마찬가지로 세계의 영혼은 용어의 어원적 의미로 볼 때 생기를 띤 살아있는 개체이다. 즉 고유한 영혼을 갖고 있으며 세계의 고유한 움직임의 원인이자 근원이고 조물주의 작품인 우주의 제1원리이다.

기원전 367년경 17세의 아리스토텔레스(Aristoteles)는 플라톤의 아카데미에 입학하여 20년을 머무른다. 플라톤은 그의 명민한 지성을 알아보고 수사학을 가르치도록 한다. 그러나 아리스토텔레스가 플라톤의 이데아론을 반박하지 못한 것은 아니다. 오히려 '플라톤의 친구이지만 여전히 진실에 더 가까이하고자'라며 자신을 정당화한다. 기원전 347년 플라톤이 죽자 플라톤의 조카가 그를 계승한다. 이에 화가 난 아리스토텔레스는 아나톨리아 서쪽 해안에 있는 그리스의 도시국가 아타르네우스로 떠난다. 기원전 343년 마케도니아의 왕 필리포스(Philippos) 2세의 요청으로 그는 왕위를 계승할 왕자의 스승이 되는데 이 왕자는 장차 알렉산더(Alexander) 대왕이 된다. 기원전 335년 아리스토텔레스는 아테네로 돌아와 자신의 학교 리케이온을 세우는데 이곳은 산책하기 좋은 곳이어서 스승과 제자들이 걸으며 철학을 논했다고 한다.

아리스토텔레스는 진정한 우주론을 쓴 최초의 그리스인이고 그의 우주론은 니콜라우스 코페르니쿠스(Nicolaus Copernicus)에 이르기까지 장장 2000년 동안 서양 문화권을 지배한다. 그는 피타고라스, 플라톤,

그리고 크니도스의 에우독소스(Eudoxos)의 사상을 발전적으로 계승한다. 또한 아리스토텔레스는 지구가 구형이라는 증거를 내놓은 최초의 그리스인이기도 한데 그 증거란 바다 위에서 멀어지는 배가 수평선 뒤로 사라지는 것과 월식 때 달에 나타나는 그림자의 형태 등이었다.

아리스토텔레스는 불완전한 변화의 세계를 '이승'의 세계(달 아래의 세계)라 파악하는데 이승에서의 움직임은 직선적이며 중심에서 위나 아래를 향한다. 달 위로는 또 다른 불변의 세계가 펼쳐지는데 그 세계에는 '에테르'라는 물질이 가득하고 그곳의 움직임은 순환적이며 균일하다. 움직이지 않는 지구는 달, 태양, 떠돌이별과 고정된 별을 모두 포함하는 구형 우주의 중심에 위치한다. 아리스토텔레스의 체계에서 각각의 떠돌이별은 하나의 구에 대응하고 이 별들의 중심에 자전하는 지구가 있다. 그는 혜성과 운석은 지구에 연결된 방해물이며 따라서 불완전한 세계에 종속되어 있다고 생각한다.

아리스토텔레스에게 우주란 공간으로는 유한하나 시간으로는 무한하고 유일하며 하늘의 모습처럼 구의 형태를 띤 살아있는 생명체와 비슷한 것이다. 4원소는 각각의 특성(흙과 물은 냉(冷)한 성질, 물과 공기는 습(濕)한 성질, 공기와 불은 온(溫)한 성질, 불과 흙은 건(乾)한 성질)에 따라 서로 연결되는데 이것이 이승의 변화를 설명해주는 반면 에테르의 불변성은 하늘의 불변성을 초래한다.

참조항목

196쪽 탈레스의 정리 | 기원전 560년
220쪽 새로운 관점들 | 1543년

알렉산드리아 학술원에서

기원전 240년

기원전 331년 알렉산더 대왕은 알렉산드리아를 건설한다. 그곳은 그리스 세계의 최대 도시가 되고 그곳에서 프톨레마이오스 왕조가 대대로 왕위를 잇는다. 그들은 이 도시를 지중해 연안 세계의 지적 수도로 만든다.

•

소테르(Sôter, 구원자)라는 별칭의 프톨레마이오스(Ptolemaeos) 1세는 오늘날의 고등연구기관에 해당하는 것을 알렉산드리아에 설립하라 지시한다. '알렉산드리아 학술원(Alexandrian School)'이라고도 알려진 이 기관에는 무제이온(Mouseion, 뮤즈의 신전 또는 박물관), 강의실, 연구실, 대도서관이 포함된다. 대도서관은 프톨레마이오스 2세와 3세 시대에 이르러 거대해져 장서 수십만 권을 보유한다. 천 년에 달하는 시간 동안 알렉산드리아 학술원은 여러 학문 분야에 영향을 끼친다. 수학 학교와 불가분의 관계인 천문학 학교의 학자들 덕분에 우주에 관한 지식에 있어 큰 진보를 이루었는데 그 시작에는 두 명의 뛰어난 우주 측량자, 사모스섬의 아리스타르코스(Aristarchos)와 에라토스테네스(Eratosthenes)가 있었다.

알렉산드리아 학술원의 천문학자인 사모스섬의 아리스타르코스는 「태양과 달의 크기와 거리에 관한 논설(Traité sur les grandeurs et les distances du Soleil et de la Lune)」에서 처음으로 태양과 달로부터 지구까지의 거리를 측정한다. 아리스타르코스의 측정 방법이 뛰어나긴

했으나 측정값은 여전히 모호했다. 한편으로 그는 천구 상에서 달이 자신의 지름만큼의 거리를 가는 데 약 1시간이 걸린다는 점을 발견한다. 다른 한편으로 그는 개기월식이 2시간 동안 지속되며 그동안 달의 구 전체가 지구의 그림자 원기둥에 들어가 버린다는 점도 발견한다. 그로부터 그가 내린 결론은 이 원기둥의 지름이 달 지름의 3배이며 따라서 지구의 지름은 달의 지름보다 3배 크다는 것이었다. 실제로 지구의 지름은 달 지름의 4배보다 조금 작다.

분석의 편의를 위해 달을 보는 각(겉보기지름)을 2도(실제 0.5도)로 가정한 아리스타르코스는 지구와 달 간 거리가 지구 반지름의 19배(실제 60배)라고 추론한다. 방법은 기발하지만 달의 겉보기지름을 비롯한 계산법과 사고방식은 부정확한 점이 많다. 아리스타르코스처럼 철학자인 동시에 천문학자인 현자에게 결과보다 중요한 것은 사고방식이다. 심지어 아리스타르코스가 달의 겉보기지름을 측정하지 않았다고 상상할 수도 있다. 그는 단지 분석의 편의를 위해 2도라는 값을 사용했을지도 모른다. 당시에 최상의 측정값을 얻는것이 어려운 일이었기 때문이다.

이후 달이 상현일 때 태양, 지구, 달이 직각삼각형을 이룬다는 점을 알게 된 아리스타르코스는 지구와 태양의 거리가 지구와 달의 거리보다 19배(실제 400배) 크다는 점을 밝힌다. 비록 그의 측정이 오류로 얼룩져있기는 하나 이 측정 덕분에 그는 최초로 지동설을 정립한다. 그에 따르면 가장 작은 떠돌이 천체들은 가장 큰 떠돌이 천체 주위를 도는 것이 틀림없다. 그러므로 그는 태양을 세상의 중심에 두고 지구가 스스로 돌고 태양 주위도 도는 2가지 운동을 상정한다. 이 가설에 의하면 지구에서 별을 보는 각도는 매년 시기에 따라 다르다. 아리스타르코스는 이 각도의 차이, 즉 시차(視差)는 실제로 존재하지만 우리와 별 사이의 거리가 너무 멀어서 시차를 관측할 수는 없다고 결론짓는다. 이번에는 그가 완전히 옳다.

기원전 240년 프톨레마이오스 3세의 요청으로 에라토스테네스는 알렉산드리아 대도서관장이 된다. 천문학자이자 수학자이며 지리학자인 그가 천문학에 기여한 바는 무수히 많은데 예를 들면 일식과 월식표, 675개의 별을 등록한 성표, 그리고 천구적도 상 황도의 기울기 측정 등이 있다.

그의 주요 업적은 순수하게 기하학적 방법만 이용하여 지구 둘레의 길이를 측정한 것이다. 에라토스테네스는 하짓날 정오에 태양이 하늘에서 가장 높이 뜰 때 태양은 시에네(오늘날 이집트 남부의 아스완)에서 가장 깊은 우물의 바닥을 비춘다는 것을 안다. 따라서 태양은 시에나의 수직 방향에 있다. 그는 또 같은 날 같은 시간에 알렉산드리아의 오벨리스크는 땅에 그늘을 드리우므로 태양이 알렉산드리아와는 수직 방향에 있지 않다는 점을 확인한다.

태양이 너무 멀리 있어서 햇빛이 지구에 평행하게 도달한다고 추정한 에라토스테네스는 시에나에서 확인한 태양의 기울기 0도와 알렉산드리아에서 측정한 기울기 7.2도에 차이가 있는 것은 지구가 구형이기 때문이라고 결론짓는다. 에라토스테네스는 약간의 삼각법과 사막을 오가는 상인이 직접 측정해서 얻은 값 5,000스타디온(stadion, 고대 그리스의 거리 단위)같은 두 도시 간 거리에 대한 지식을 이용해 지구 둘레의 길이가 25만 스타디온이라 계산한다. 이집트에서 1스타디온은 약 157 m이므로 그가 기원전 240년에 계산한 지구 둘레의 측정치는 실제 값과 2% 미만의 차이를 보일 뿐인데 이것은 당시로서는 놀랍도록 정확한 값이다.

에라토스테네스는 또한 그리스인들이 알던 세상인 외쿠메네(Ökumene)의 지도를 제작한다. 이전 세기의 아리스토텔레스와 마찬가지로 그에게도 문제는 구형 지구의 하나뿐인 대양 한가운데 있는 섬이다. 3세기가 훨씬 지난 후대의 프톨레마이오스가 저서 『지리학(The Géographie)』에서 사용한 외쿠메네 지도 작성법은 직접적으로 에라토스테네스에게서 영감을 얻은 것이다.

참조항목

207쪽 히파르코스의 업적 | 기원전 150년
210쪽 프톨레마이오스의 『알마게스트』 | 150년
212쪽 히파티아의 죽음 | 415년

히파르코스의 업적

기원전 150년

니케아의 히파르코스는 칼데아의 천문학자들의 축적된 관측 결과를 이용해 달과 태양의 움직임에 관한 수량 모형을 개발한다. 어떤 일의 징조로나 여겨지던 식(蝕)은 과학적 현상이 된다.

•

기원전 190년경 비티니아(오늘날 터키 서부 이즈니크) 지역의 니케아에서 태어난 히파르코스(Hipparchus)는 70년 후 로도스섬에서 생을 마감한다. 다른 학자들처럼 알렉산드리아 학술원을 자주 드나들었던 히파르코스는 고대의 가장 중요한 천문학자 중 한 명이다. 그는 바빌로니아의 칼데아 천문학자들이 이전 수 세기 동안 기록한 관측 자료를 이용한 덕분에 달과 태양의 움직임에 관해 정확한 모형을 최초로 제시한 그리스인이 되었다. 히파르코스는 바빌로니아의 또 다른 유산을 이용하여 원의 360도 등분에 관한 삼각법을 만든다. 그는 최초의 삼각법 표를 만들어 삼각형 문제를 풀 수 있었다. 이 표 그리고 달과 태양의 움직임에 관한 지식 덕분에 그는 일식에 관해 신뢰할 만한 예측 모형을 최초로 제시한 인물로도 알려져 있다.

월식은 지구가 태양과 달 사이에 일렬로 놓일 때 발생하며 일식은 달이 태양과 지구 사이에 일렬로 놓일 때 일어난다. 지구 주위를 도는 달의 궤도면이 태양 주위를 도는 지구의 궤도면과 일치한다면 달의 위상이 삭일 때마다 일식이 일어날 수도 있다. 하지만 이 두 궤도면은 살짝 기울어져(5도) 있어서 태양과 정렬된 달이 태양 주위를 도는 지구의 공전궤도면(그래서 '황도면'이라 부름)과 교차할 때만 일식이 일어난다. 지구와 태양 사이 거리와 달과 지구 사이 거리가 변하기 때문에 달의 가시적 표면은 태양의 가시적 표면보다 때로는 더 커 보이고(개기식) 때로는 더 작아 보인다(금환식).

알려진 최초의 성표를 작성한 히파르코스는 특히 추분점, 춘분점의 세차운동을 발견한 것으로 유명하다. 히파르코스는 춘분점에서 일어나는 월식이 진행 중일 때 달이 별 중에서 차지하는 상대적 위치는 150년 전 관측된 비슷한 월식에 비해 옮겨져 있음을 발견한다. 바빌로니아 천문학자들의 관측 수준은 증명할 필요가 없을 정도였는데 오래전부터 이들은 춘분점의 중요성을 알고 있었다. 춘분점이란 천구상에서 태양이 춘분에 위치하는 점으로 천구의 황도면과 적도면이 교차하는 지점이다. 이 춘분점, 추분점의 세차운동 현상을 최초로 이론화한 사람도 바로 히파르코스이다. 그는 춘분점이 매년 조금씩 이동하는데 72년 만에 1도쯤 이동한다는 것을 증명한다.

이렇게 춘분점이 이동하는 것은 지구의 자전축인 지축의 방향이 변하기 때문이다. 달과 태양이 지구의 적도 융기 부분에 미치는 기조력 때문에 지구의 자전축은 팽이의 회전축처럼 원뿔의 표면 모양을 그린다. 지구 회전축이 느리게 움직이기 때문에 적도면의 움직임도 느려지고 따라서 춘분점의 움직임도 느려지는데 춘분점은 매년 천구상에서 자신의 이전 위치를 앞지른다. 이러한 춘분점의 세차운동 때문에 춘분점은 약 2만 6000년을 주기로 '뒷걸음치며' 천구상을 한 바퀴 회전한다.

천구의 극은 지구 자전축 위에 놓인 천구상의 두 점으로 정의된다.

따라서 이 자전축의 느린 움직임 때문에 천구의 두 극은 각각 천구 위에 고정된 것으로 인식되는 별들에 대해 움직이게 된다. 시간이 흐르면 천구의 북극은 밝은 별에 가까이 접근하는데 이 별들은 차례로 적당한 위치에 자리 잡아 북쪽을 가리킨다. 오늘날 이 별의 역할은 결국 작은곰자리의 가장 빛나는 별인 북극성이 하고 있다.

당시 로도스섬에 살던 히파르코스는 또한 지평선 위에 있는 별들의 고도를 측정하는 데 사용되는 천문관측기기(astrolabe)를 발명한다. 이 천문관측기기는 히파르코스에게서 비롯된 평사도법 원리에 근거한다. 3세기 후 그리스의 천문학자 클라우디오스 프톨레마이오스(Klaudios Ptolemaios)가 이 기구의 개량 방법을 처음으로 제시한다. 이 기구를 묘사하는 그리스어와 라틴어로 된 문서 덕분에 아랍 천문학자들은 유사한 도구를 만들어내는데 이들 역시 이것을 다시금 현저히 개선한다. 10세기 말 장차 교황 실베스테르 2세가 될 오리악의 제르베르(Gerbert d'Aurillac)는 스페인에서 이 주제를 다룬 아라비아 문서를 충분히 검토한 후 기독교 세계에 아라비아 숫자 사용을 장려하고 서양에 아스트롤라베를 재도입한다.

참조항목

203쪽 알렉산드리아 학술원에서 | 기원전 240년
210쪽 프톨레마이오스의 『알마게스트』 | 150년
212쪽 히파티아의 죽음 | 415년

프톨레마이오스의 『알마게스트』

150년

그리스의 천문학자 클라우디오스 프톨레마이오스는 『알마게스트』에서 천동설을 주장하는데 이것은 주전원 이론을 통합하여 일부 행성의 역행운동을 설명하고자 한 이론이다.

•

프톨레마이오스(Klaudios Ptolemaios)는 90년경 고대 이집트의 그리스 도시 세 곳 중 하나인 프톨레마이스(Ptolemais)에서 태어난다. 오늘날 멘시에 유적지에 위치한 이 도시는 테베를 대신해 테바이드의 수도가 되도록 프톨레마이오스(Ptolemaios) 1세가 세운 곳이다. 프톨레마이오스는 아마도 생애 대부분을 알렉산드리아에서 보냈을 것이며 그곳에서 히파르코스(Hipparchus)의 자취를 따라 그의 유언집행인이 된다. 프톨레마이오스는 천문학, 점성술, 지리, 수학, 음악 그리고 광학 등 여러 영역의 논설을 많이 집필한다.

그의 저서 중 둘은 이슬람과 유럽 문화권에 지대한 영향을 미친다. 하나는 그리스-로마 세계의 지리적 지식을 총망라한 『지리학(The Géographie)』이며 또 다른 저서인 『알마게스트(Almagest)』는 고대 천문학을 집대성한 유일한 개론서로 특히 이 책은 아라비아어로 번역된 덕에 우리 서양에까지 전해졌다. 아라비아 학자들은 이 책에 매우 위대하다는 뜻의 '알 미지스티(al-Mijisti)'라는 명칭을 부여했다. 이 책에서 프톨레마이오스는 8세기 전의 천문학 모형을 계승하여 세상의 중심에 지구가 있고 이 지구를 중심으로 움직이는 별들이 위치하는 천동설을 주장한다. 이 움직이는 별 중 일부가 어떤 순간에 역행운동을 하는 것은 여전히 설명이 필요한 과제로 남는다. 이때 프톨레마이오스의 가설에 따르면 각 행성은 이심원이라는 작은 원을 그리고 이심원의 중심은 '주전원'이라는 커다란 원 위에서 지구 주위를 돈다.

프톨레마이오스는 천체들이 투명한 천구 위에 붙어있다는 아리스토텔레스(Aristoteles)의 생각을 받아들이지 않는다. 그는 심지어 "천체들은 자신의 움직임에 저항을 전혀 받지 않는 완벽한 유체(流體) 속에 존재한다."고 주장한다. 공(空)의 개념에 가까운 이 견해를 오로지 프톨레마이오스의 것으로 인정해야 할지는 의문이지만 프톨레마이오스에게 주전원과 이심원은 물질적인 것이 아니다. 일부 역사가들에 따르면 프톨레마이오스가 주전원 이론을 지지하게 된 것은 시스템의 물질적 실체에 대한 믿음보다는 오히려 계산을 더 쉽게 하려는 의지에서였다고 한다. 니콜라우스 코페르니쿠스(Nicolaus Coperinicus)로부터 지동설이 출현하고 나서야 비로소 지구가 자기 궤도에서 움직이는 것보다 더 느린 속도로 외계행성들이 자기 궤도 위를 움직인다는 점을 이해하게 된다. 따라서 지구는 외계행성들을 따라잡고 이후 주기적으로 그것들을 추월하게 되어 이 행성들이 후퇴한다는 착각을 심어준다.

참조항목

203쪽 알렉산드리아 학술원에서 | 기원전 240년
220쪽 새로운 관점들 | 1543년

히파티아의 죽음

415년

수학자이자 천문학자로서 뛰어난 지식인이던 알렉산드리아의 히파티아는 기독교 광신도의 공격을 받아 운명한다. 이 사건으로 그녀는 실증주의와 과학의 영웅이 되며 먼 훗날 페미니즘의 영웅이 된다.

•

히파티아(Hypatia)는 360년경 알렉산드리아에서 태어난다. 그녀의 아버지는 그 유명한 무제이온(뮤즈의 신전)의 마지막 대표자였던 알렉산드리아의 석학 테온(Theon)이다. 아버지에게서 가르침을 받았던 히파티아는 아테네에서도 교육을 받는다. 알렉산드리아로 돌아온 그녀는 공개강연회를 열고 알렉산드리아 사교계의 지식인층에서 자란 제자들의 클럽에 사교육을 제공한다. 탁월한 연구업적, 뛰어난 언변과 높은 식견으로 그녀의 명성은 빠르게 퍼져나간다. 훌륭한 지적 능력만큼 아름답고 자비로운 인성으로 유명했던 그녀는 알렉산드리아 사회의 유명인사가 된다.

4세기 말 히파티아는 기독교계와 신플라톤주의 철학자들이 서로 대립하는 분쟁의 중심에 서게 되며 신플라톤주의 철학의 상징적 인물이 된다. 주교 테오필로스(Theophilos)에게 선동된 기독교인들은 세라피스 신전을 불태우는데 이곳은 대형 이교도 신전인 동시에 알렉산드리아 대도서관의 장서 일부를 보유하던 중요한 문화원이었다. 알렉산드리아 사회는 이 도시를 위대하게 만들어준 헬레니즘 문화의 전통과 거만하고 때로는 광적인 새 종교 사이에서 주저한다.

히파티아의 제자들은 신플라톤주의 철학 강의를 수강하지만 그렇다고 기독교에 맹렬히 반대하는 반동분자가 되지는 못한다. 그 증거는 그녀의 가장 열렬한 팬 중에도 기독교인이 많이 있었다는 점이다. 이처럼 히파티아 주변의 부잣집 도련님들은 교양 있고 유복하며 문화와 그리스 철학에 심취한 계층의 자제들이었으나 동시에 세례를 받고 교회나 제국의 중요 임무를 맡기로 정해진 자들이었다.

412년부터 알렉산드리아에 긴장이 고조된다. 사망한 테오필로스 대신 새로 부임한 주교는 테오필로스의 조카인 키릴(cyrillos)이었다. 그는 고집스러운 광신도로 유명했다. 교회의 새로운 대표와 알렉산드리아의 제국 총독인 오레스트(orestes) 간의 관계는 급격히 악화된다. 415년에 이 긴장은 최고조에 달한다. 이때 45세의 히파티아는 교회로 끌려가 광신도들에게 살해당한다. 죽음의 이유는 아마도 그녀가 오레스트와 우호적 관계를 이어왔기 때문이었을 것이다.

히파티아는 여전히 그 후로도 오랫동안 남성의 전유물로 남을 과학계에서 인정받았던 최초의 여성 중 한 명이다.

참조항목

210쪽 프톨레마이오스의 『알마게스트』 | 150년
238쪽 에밀리 뒤 샤틀레가 뉴턴을 번역하다 | 1745년

하늘 지도

650년

중국 세계의 황권 주변에는 우주 신호의 해석 임무를 맡은 천문학자들이 있다. 2000년 전부터 기록되어온 이들의 관측 자료는 오늘날에도 여전히 사용된다.

•

중국의 천문학은 기원전 2000년경까지 거슬러 올라간다. 왕조는 계속 이어졌으나 중국 문명의 연속성은 하늘과 땅의 조화를 보존하려는 끝없는 근심이라고 할 수 있다. 계절이 뚜렷한 온대지방의 다른 많은 고대문명과 마찬가지로(그리스인이나 로마인, 갈리아인들의 경우처럼) 농사철을 위한 계절의 리듬에 맞추기 위해 과거의 중국인들은 태음태양력을 사용한다. 이것은 매해의 길이를 맞추고자 태양의 1년 순환주기에 근거한 동시에 달의 차이를 메꾸고자 달 위상의 주기적 순환에도 근거하여 제작된다.

중국 역법의 최초 흔적이 발견되는 곳은 거북의 복갑('신탁의 뼈'라고도 함)으로 상나라(기원전 14세기)까지 거슬러 올라간다. 태양년의 길이와 달의 회합주기에 맞게 계절의 주기를 달의 주기와 일치시키려면 대략 3년마다 윤달을 하나 두는 식으로 한 해를 조정해야 한다. 중국의 전통 역법에서는 19년 동안 윤달을 7번 둔다. 따라서 매해의 일수는 모두 같지 않고 달의 수도 모두 같지 않다.

이렇게 복잡한 역법을 실제 시간과 일치시키려면 아주 정확한 천문학적 작업이 필요하다. 그러므로 황제는 하늘을 주기적으로 면밀히 관측하여 예기치 못한 하늘의 사건들을 모두 기록할 천문학자들을 주변에 둔다. 이들의 관측 결과와 기록지는 권력을 위해 매우 정치적으로 사용된다. 중국의 하늘은 제국 사회의 충실한 반영물로 이 사회는 여러 궁궐과 관리와 백성을 거느린 군주 중심의 나라처럼 조직되고 위계화 되어있다. 이 구성원 각각은 하늘과 관계되어 있고 하늘이 가장 미천한 백성뿐 아니라 통치자와 고급관리에게 보내는 신호들과도 관련되어 있다. 이처럼 중국의 천문학자들은 2000년이 넘는 시간 전부터 매우 다양한 천체 현상들(혜성의 통과, 신성, 초신성)을 기록하였고 그것을 담은 연대기는 우리에게까지 도달하여 천체물리학자들에게 꿀 같은 양식이 되는데 그 예 중 하나가 1054년의 초신성 폭발이다.

참조항목

190쪽 시간의 지배 | 기원전 3000년
182쪽 별의 폭발과 죽음 | 기원전 4500년
217쪽 새로운 별 하나 | 1054년

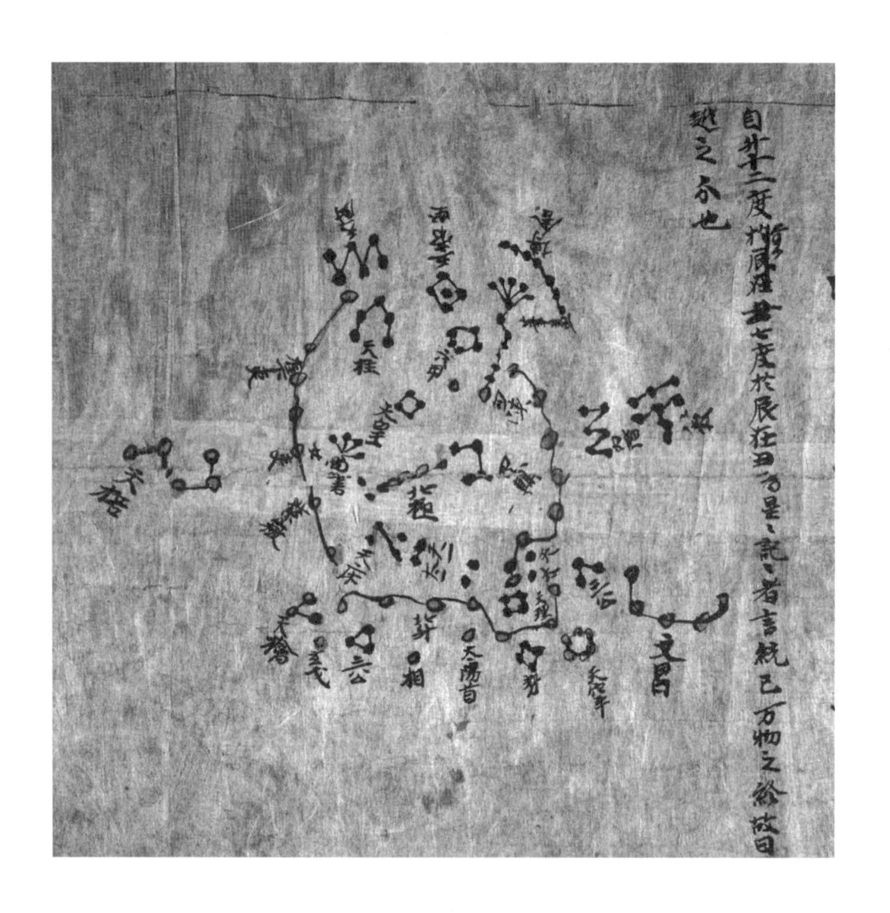

둔황 지도에 나타난 천구상 북극 영역의 별들. 이 하늘 지도는 1900년 중국의 실크로드에 있는 한 불교사원에서 발견된다. 7세기 중반에 제작된 이 지도는 모든 문명의 천체 지도로 알려진 것 중에 가장 오래된 것이다.

새로운 별 하나

1054년

초신성 폭발로 방출된 엄청난 빛이 동시대인들에게는 새로운 별로 인식된다. 모든 증거가 새 별의 탄생을 입증한다.

●

지구에서 1054년 관측된 별의 폭발을 입증하는 자료는 상대적으로 많지만 모두 같은 신뢰도를 가진 것은 아니다. 당시 중국에서는 일시적으로 보이는 별들(운석, 혜성, 신성, 초신성 폭발)을 '객성(guest star)'이라 불렀는데 황제를 모시는 천문학자들은 이것의 출현을 세밀히 기록해야 했다. 따라서 1054년의 초신성, 즉 국제천문연맹의 공식 명칭에 따르면 SN 1054는 송나라의 천체 등록대장에 상세히 기록된다. 이것을 프랑스의 천체물리학자 장 마르크 보네 비도(Jean-Marc Bonnet-Bidaud)는 다음과 같이 옮겨 적고 있다. "지화(至化) 연호의 통치기 중 첫해 다섯 번째 달(1054년 7월)에 객성 하나가 아침에 동쪽 하늘에 나타나 천관성(황소자리 제타별)을 지키고 있다. 이 별은 금성처럼 날이 밝아도 보였다. 이 별의 빛은 사방으로 퍼졌으며 홍백색이었다. 이것은 23일간(낮 동안) 보였다."

아라비아의 천문학자들은 우주는 불변한다는 아리스토텔레스 철학의 영향 때문이었는지 주기적 현상에만 관심을 보인다. 그들은 이승에 속한 것으로 생각하는 일시적 천문 현상은 소홀히 여긴다. 그러나 이집트에서 SN 1054가 나타난 것을 본 네스토리우스교도인 의사 이

븐 부틀란(Ibn Butlân)은 강한 인상을 받는다. 두 세기 후 의사이자 역사가인 이븐 아비 우사이비아(Ibn Abi Usaibia)는 자신이 목격한 것을 다음과 같이 기술한다. "우리 시대의 가장 유명한 전염병 중 하나는 446년(이슬람력 446년으로 1054년 4월 2일부터 1055년 4월 1일까지의 기간) 쌍둥이자리에 눈부신 별 하나가 나타났을 때 생겨났다. 이 별로 인해 포스타트(Fostat, 오늘날의 카이로(Cairo) 구시가지)에 전염병이 시작되었는데 이때 나일강의 수위는 낮았다."

유럽에는 SN 1054의 출현에 관해 앞서 본 것만큼 명백한 증거가 없다. 하지만 이 사건은 틀림없이 지식인들의 관심을 끌었을 것이며 SN 1006의 경우 이것이 갑작스레 출현했다는 것이 스위스 생 갈(Saint Gall) 수도원 원고에 기록되어 있다. 북아메리카의 경우는 완전히 다르다. 뉴멕시코 차코(Chaco) 협곡의 절벽 돌출부에 새겨진 아메리카 인디언의 돌 조각에는 초승달 옆에 별이 그려져 있는데 이 별이 바로 SN 1054를 상징하는 것이라고 한다. 실제로 1054년 7월 5일 아침 달은 천구 상에서 새로운 별 가까이에 있었다.

참조항목

182쪽 별의 폭발과 죽음 | 기원전 4500년
214쪽 하늘 지도 | 650년

SN 1054를 연상시키는 돌에 새긴 조각의 모습. 이것은 뉴멕시코주 차코 문화 국립역사공원에서 동쪽을 향해 서 있는 절벽의 위쪽 돌출부에 새겨져 있다. 계산을 통해 1054년 7월 5일 날짜로 재구성된 달의 위치는 SN 1054와 3도 떨어져 있다. 그리고 돌 조각에 그려진 초승달의 방향을 제대로 위치시키려면 절벽에 맞닿아 있는 암석으로 된 돌출부를 밑에서 보면 된다. 손 그림은 이곳이 신성하다는 뜻이다.

새로운 관점들

1543년

르네상스 화가들의 원근법 도입이라는 혁명에 영감을 받은 폴란드 출신의 성당 참사회원 니콜라우스 코페르니쿠스는 사망 직전 지동설을 발표한다.

●

중세를 지배한 세계에 대한 관념은 기독교의 천지창조 세계관과 일치하는 아리스토텔레스(Aristoteles)의 관념이다. 태고부터 지구는 세상의 중심이다. 그 위에는 구(球)들이 있는데 그 안에서 행성들이 각자 원운동을 한다. 천상에는 완벽함이 존재한다. 행성들이 고정되지 않은 경로를 가진 것을 프톨레마이오스(Ptolemaeos Claudios)는 복잡한 기하학으로 설명해낸다. 중세 문화에서는 모든 것이 지구 중심적 세계관을 나타낸다.

물체와 그것이 있는 공간의 관계에 대해 새로운 개념을 도입한 것은 바로 콰트로첸토(Quattrocento, 15세기 이탈리아 문예부흥기)의 예술가들이다. 수직적이고 위계적 조직에 있던 그들은 표현방식을 원근법에 따르도록 바꾼다. 당시 이탈리아에 체류 중이던 니콜라우스 코페르니쿠스(Nicolaus Copernicus)는 이 새로운 사상의 영향을 받아 새로운 세계관을 제안하는데 그것은 태양이 중심에 있고 그 주변으로 행성들이 조화 원리에 따른 궤도를 그리며 돌고 있다는 것이다.

그러나 여기에는 문제가 있는데 이 개념에서 나오는 몇 가지 문제들을 당대의 학자들은 해결할 수 없다는 점이다. 당시에는 논쟁이 열려있었고 이 논쟁은 다가오는 수 세기 동안 지속될 흔적을 남긴다. 어떻게 새로운 표현 체계를 기존의 지식과 조화되게 할 것인가? 세계는 정말로 무한한가? 이 모든 것이 심지어 신의 존재마저도 의심하게 만드는가?

코페르니쿠스는 고대의 선임자들보다 훨씬 완벽한 도구를 사용하지도 않고 게다가 지중해 지역보다 천문학 관측에 불리한 기상 조건의 제약을 받는다. 그러나 이슬람권 학자들을 통해 알려진 고대 천문학자들의 연구 그리고 르네상스에서 인간이 차지하는 위치와 공간에 대한 새로운 개념 덕분에 코페르니쿠스는 과학적 도구를 이용해 지구가 태양 주위를 도는 것이지 그 반대는 아니라고 추측하기에 이른다.

그는 행성, 별들의 위치 그리고 천체의 움직임을 수없이 관측한다. 그리고 태양일과 항성일의 차이를 명확히 밝혀낸다. 또한 정확성을 더해 태양년의 길이를 정한다. 그가 얻은 결과들은 이슬람 세계의 선조 과학자들이 얻은 결과에 가깝지만 선조들의 결과가 더 정확하다. 진정한 혁신은 그가 태양을 세계의 중심에 놓고 지구와 행성들이 그 주변을 돌게 만든 것이다.

그는 이렇게 별의 움직임, 행성들의 역행운동, 태양계에서 행성의 위치 그리고 행성의 공전 주기 등을 설명한다. 요약하자면 행성이 태양에서 멀리 있을수록 그 행성이 태양 주위를 완벽히 1회 돌기 위해 더 많은 시간이 필요하다. 또한 코페르니쿠스는 세차운동 가설을 제시하는데 이것은 지구가 팽이처럼 축을 두고 움직인다는 것이다. 이것은 놀랍게도 그가 천구들이 단단한 고체(수정)라는 아리스토텔레스적 개념을 가지고 있었다는 뜻인데 이 개념은 프톨레마이오스가 이미 폐기한 것이다.

코페르니쿠스는 오랫동안 자신의 주요 저서 『천체의 회전에 관하여(De Revolutionibus Orbium Coelestium)』의 출간을 미루었는데 그것은 아마도 교회와 권력기관의 반응에 더해 자신의 발견이 가져올 파장에 대한 걱정 때문이었을 것이다. 이 책은 결국 그가 죽기 며칠 전에 출간된다.

참조항목

207쪽 히파르코스의 업적 | 기원전 150년
210쪽 프톨레마이오스의 『알마게스트』 | 150년

영원을 향하여

1600년

니콜라우스 쿠사누스에게서 영감을 얻은 조르다노 브루노는 만일 신이 영원하다면 우주 또한 영원하고 우주는 우리 세계와 똑같은 세계를 수없이 품고 있어야 한다고 주장한다.

•

니콜라스 크렙스(Nicolas Krebs 또는 Nicolaus Chrypffs)는 1401년 독일의 쿠에스(Kues 또는 Cusanus)에서 출생하는데 그 때문에 오늘날 알려진 이름은 니콜라우스 쿠사누스(Nicolaus Cusanus)이다. 그는 부유한 하천 운수업자의 아들로 태어나 법, 철학, 수학을 하이델베르크, 파도바, 쾰른에서 공부한다. 서양에서 교회 분리의 시련이 있은 후 카톨릭 교회는 권위를 회복하려 애쓴다. 쿠사누스는 교황 편에 선다. 그 모든 노력의 보상으로 그는 1448년 추기경이 된다. 10년 후 그는 고전연구가였던 교황 비오(pius) 2세의 임시 대리직을 맡는다.

신학자이자 카탈로니아 철학자 라몬 유이(Ramon Llull)의 글을 열독하던 쿠사누스는 영원을 생각하는 데 도움이 될 지적 방법을 만들어낸다. 그는 이렇게 말한다. “세계라는 기계는 그 중심이 어디에나 있으며 주변은 어디에도 없다. 신이 주변이자 중심이며 신 역시 어디에나 있으며 어디에도 없기 때문이다.” 그러므로 그가 주장한 세계의 개념은 매우 철학적이지만 다가올 과학 혁명의 초석이 된다. 그가 놓은 초석이란 그때까지만 해도 신의 전유물이었던 ‘한정되지 않고 닫혀있지 않은' 세계의 개념이다.

쿠사누스는 아리스토텔레스(Aristoteles)의 닫힌 우주 개념과 단절하고 현대 우주생성론의 무한한 우주를 주장한다. 신은 무한하다는 이미지를 가진 그에게 우주는 끝이 없다. 따라서 세계는 한정되지 않은 구이며 구의 중심은 어디에나 있고 구의 주변은 어디에도 없다. 지구는 다른 천체들처럼 움직이고 그 자체로 완전한 별이 되는데 그럼으로써 하늘과 천체를 지구 위에 놓는 아리스토텔레스적 이론을 반박한다. 게다가 그는 위와 아래를 말하는 것이 천문학에서는 의미가 없다고 말한다.

더 흥미로운 점은 그의 다원적 세계라는 개념 안에 여전히 신성한 영원의 이미지가 있다는 점이다. 쿠사누스는 우주에는 별만큼 많은 세계가 존재할 수 있다고 말한다. 무엇이 유한과 무한을 나누는지 아는 사람은 '무지한 학자'이다. 그가 보기에 지구도 더 이상 무한히 작은 천체가 아니다. 따라서 그의 형이상학적 질문을 이렇게 바꾸어 표현할 수 있다. 유한한 성질의 존재들이 어떻게 무한한 성질의 개념을 파악할 수 있을까?

1548년 이탈리아 나폴리 근처 놀라(Nola)에서 출생한 조르다노 브루노(Giordano Bruno)는 성 도미니크회 수도사이자 철학자로 평생 교권과 갈등 관계에 있었다. 도미니크 수도원에서의 수련 시절부터 신성한 삼위일체와 성모 마리아 숭배 같은 교리에 반대한다. 이단 재판에 휘말릴 위기를 느끼자 그는 1576년 수도사복을 벗어던지고 도피한다. 30년 가까이 방황하다가 베네치아에서 로마의 종교재판관에게 넘겨진다. 그는 아리스토텔레스에 반대하고 코페르니쿠스적 체계에 동조한다. 또 지구는 스스로 하는 자전과 태양 주위를 도는 공전이라는 2가지 운동을 한다고 주장한다. 그는 니콜라우스 코페르니쿠스(Nicolaus Copernicus)

보다 한술 더 떠 균질성과 등방성을 가진 우주가 끝없는 공(空)에 둘러 싸여 있고 모든 방향으로 뻗어나가며 우주의 중심은 어디에도 없다는 생각을 지지한다. 니콜라우스 쿠사누스의 영향을 받은 그의 우주관은 무한함과 세계의 다원성을 향해 열려있다. 신이라는 무한한 원인의 무한한 결과인 우주는 반드시 우리 세계와 비슷한 무한한 세계를 내포한다. 즉 태양처럼 각각의 별은 우리는 모르지만 신은 아는 또 다른 세계의 중심일 수밖에 없다는 것이다.

1584년 출간된 저서 『무한, 우주 및 세계들에 관하여(De l' infinito universo e mondi)』에서 브루노는 다음과 같은 대화를 상상한다. "그렇다면 우리가 사는 세계처럼 다른 세계들에도 사람이 살고 있습니까?"라고 부르키오가 묻고 프라카스토리오(브루노의 대변인)가 답한다. "우리 세계처럼 사람이 살지 않는다면 더 고귀하지도 않을 것입니다. 적어도 이 세계들은 우리 세계보다 사람이 덜 살지도 않고 덜 고귀하지도 않습니다. 왜냐하면 충분히 각성한 어떤 합리적 존재가, 우리 세계만큼 멋지거나 혹은 더 멋진 수많은 세계에 비슷한 사람들 또는 더 뛰어난 사람들이 없다고 생각한다는 것이 불가능하기 때문입니다."

8년간의 재판 끝에 브루노는 종교재판관에 의해 이단으로 몰려 화형을 선고받는다. 그는 1600년 2월 17일 로마의 캄포 데이 피오리에서 대사(大赦, 관대한 용서)를 앞두고 그곳을 찾아온 순례자들 앞에서 산 채로 화형에 처해진다.

참조항목

235쪽 세계의 다원성 | 1686년
255쪽 외계행성의 발견 | 1995년

갈릴레이가 그의 첫 번째 망원경을 제작하다

1609년

네덜란드 광학자가 만든 기구에서 영감을 받은 갈릴레이는 직접 망원경을 제작해 진정한 천문학 관측기구로 사용한다.

•

망원경이 이탈리아나 네덜란드에 들어온 것은 16세기 말이다. 발명자의 이름은 알려지지 않았다. 망원경을 처음으로 언급한 사람은 이탈리아의 작가 잠바티스타 델라 포르타(Giambattista della Porta)로 1589년 그가 쓴 『자연 마술(Magia naturalis)』이란 저서에 망원경이 나온다. 1608년 네덜란드의 안경제조업자 한스 리퍼세이(Hans Lippershey)는 최초로 지상망원경(3배 배율)의 특허권을 신청하는데 이것은 네덜란드의 악기 제조인이자 광학렌즈 연삭 전문가인 야콥 메티우스(Jacob Metius)의 특허 신청보다 몇 주 앞선 것이다. 1608년 10월 야콥 메티우스는 '멀리 있는 물건을 가까이 있는 것처럼 볼 수 있는' 물건에 대한 특허권을 네덜란드 삼부회에 신청한다. 프랑스의 수학자이자 철학자인 르네 데카르트(René Descartes)가 1637년 간행된 저서 『굴절광학(Dioptrique)』에서 망원경의 창시자라고 밝힌 사람은 바로 메티우스이다.

1609년 5월 파도바 대학 수학 정교수였던 갈릴레오 갈릴레이(Galileo Galilei)는 제자 자코모 바도에르(Giacomo Badoer)에게 네덜란드에서 안경을 만드는 사람이 멀리 있는 물체를 잘 볼 수 있는 망원경을 만들었다는 말을 듣는다. 이때 갈릴레이는 망원경을 직접 만들기 시작하는

데 조금씩 배율을 개선해나간다. 1609년 8월 그는 베네치아 공화국의 특허 당국에 사적 발명품의 견본을 제출한다.

산마르코 광장의 종탑 꼭대기에서 열린 시연회는 성공을 거둔다. 갈릴레이는 이 망원경에 대한 권리를 베네치아에 넘기는데 공화국은 군용으로 활용하고자 지대한 관심을 보인다. 그 대가로 갈릴레이는 파도바 대학의 종신교수직을 확약 받고 봉급을 2배 올려 받는다.

1609년 11월 갈릴레이는 20배쯤 확대하여 볼 수 있는 기구를 제작한다. 이때 그는 망원경으로 하늘을 관측하기로 결심하는데 맨눈으로는 볼 수 없는 별이 많다는 것을 깨달았기 때문이다. 달을 조사하던 그는 달 표면이 지구에서처럼 산 지형으로 인해 왜곡되어 있다는 점을 발견한다. 1610년 1월 그는 마침내 목성의 위성 4개를 관측한다.

아리스토텔레스(Aristoteles)의 학설을 타도하기에 충분한 만큼의 관측이었다. 1610년 3월 갈릴레이는 『별의 메신저(Sidereus nuncius)』에서 자신이 발견한 별, 달, 목성의 위성에 대해 기록한다. 라틴어로 기록된 이 책은 바로 다음 달부터 베네치아에서 발행된다. 500부가 며칠 만에 동이 난다. 몇 주 만에 갈릴레이는 이탈리아 전역의 유명인사가 되어 전국의 학교마다 그를 모셔 가려 경쟁하게 된다.

참조항목

233쪽 뉴턴이 최초의 반사망원경을 만들다 | 1671년

케플러의 새로운 천문학

1609년

정설보다 관측에 우위를 둘 것. 이것은 케플러가 『신천문학』에 반영한 신념이다. 이 저서에서 그는 태양 주위를 도는 행성의 운동을 설명하는 제1법칙과 제2법칙을 발표한다.

•

요하네스 케플러(Johannes Kepler)는 1571년 12월 27일 독일의 바일 데어 슈타트(Weil der Stadt, 현재 바덴뷔르템베르크주에 있음)라는 도시의 루터교 집안에서 태어난다. 그는 프로테스탄트 신학교에서 수학한 후 1589년 튀빙겐대학교에 입학하여 독일의 천문학자이자 수학자인 미하엘 매스틀린(Michael Mästlin)의 강의를 수강하는데 매스틀린은 니콜라우스 코페르니쿠스(Nicolaus Copernicus)의 지동설이라는 새로운 체계의 지지자였다. 이후 케플러는 목회자가 되려고 하지만 결국 오스트리아 슈타이어마르크주에 있는 그라츠 신학교의 수학 교수직을 받아들인다. 그러나 종교적 신념과 코페르니쿠스적 사상으로 기소된 케플러는 1600년 그라츠를 떠난다.

그는 덴마크의 천문학자 티코 브라헤(Tycho Brahe)로부터 조수가 되어달라는 제안을 받고 프라하로 간다. 젊은 시절의 결투로 잘린 코를 가리기 위해 가짜 수염을 달고 다녀 '황금 코의 사나이'란 별명을 가졌던 브라헤는 독보적인 관측자였다. 그는 케플러의 연구에 필요한 중요한 자료들을 가지고 있었다. 1601년 브라헤가 사망하자 케플러는 황제

루돌프 2세 궁정의 황실 수학자가 된다. 1609년 그는 『신(新)천문학(Astronomia Nova)』에서 다른 가설들과 함께 제1법칙과 제2법칙을 발표하는데 그것은 행성의 운동을 책임지는 힘, 즉 자기력이라 표현되므로 신성한 힘이 아닌 물리적 힘으로서의 행성운동의 동력에 관한 것이었다.

1610년 케플러는 목성의 달이 4개 발견되었다는 소식을 듣는다. 그는 『별의 메신저와의 대화(Dissertatio cum Nuncio Sidero)』라는 저서를 통해 갈릴레이에게 지지를 보내는데 이 저서명에서 암시되는 『별의 메신저(Sidereus nuncius)』는 갈릴레이가 자신의 굴절망원경을 이용해 최초로 관측한 것들을 기록한 책이다. 1611년 케플러는 '위성(satellite, 라틴어 satelles에서 유래한 말로 '호위하는 사람'이라는 뜻)'이라는 단어를 사용하여 목성의 달 4개를 가리킨다. 그리고 굴절망원경의 개발을 계기로 광학 저서인 『굴절광학(Dioptrice)』을 집필한다.

우주가 '조화' 법칙에 따른다고 말한 케플러는 천문학과 음악을 연계시킨다. 1619년 출간된 『세계의 조화(Harmonices Mundi)』에서 그는 각 행성에 하나의 악상을 결부시킨다. 이 행성들의 속도 변화는 음계를 구성하는 다양한 음으로 표현된다.

그가 1608년에 쓴 소설 『꿈(Somnium)』은 1630년에 그가 사망하고 4년 후 아들 루트비히에 의해 출간된다. 당시로서는 장르를 분류할 수 없는 글이었으나 오늘날은 판타지 소설로 정의될 수 있다. 지구에서 달까지의 여행을 기록한 이 소설은 무엇보다도 코페르니쿠스적 사상을 대중에게 보급하는 기회가 된다.

참조항목

226쪽 갈릴레이가 그의 첫 번째 망원경을 제작하다 | 1609년

코기토 에르고 숨

1637년

르네 데카르트는 수학의 확실성을 학문 전체로 확장시키려 한 반면 블레즈 파스칼은 스스로를 무한한 우주의 광막함 앞에서 길 잃은 인간이라 말한다.

•

르네 데카르트(René Descartes)는 1596년 3월 31일 라에엥투렌(La Haye-en-Touraine, 오늘날 랭드르에루아르주의 데카르트)에서 태어난다. 블레즈 파스칼(Blaise Pascal)은 1623년 6월 19일 클레르몽(Clairmont, 오늘날 르퓌드돔주의 클레르몽페랑)에서 태어난다. 이 두 천재의 탄생으로 17세기의 프랑스 철학은 유럽에서 지배적 위치를 차지한다. 이 두 철학자의 대조적 모습은 흔히 데카르트와 그의 "나는 생각한다 고로 나는 존재한다(Cogito ergo sum)"가 표상하는 합리주의와 파스칼의 신에 대한 사랑으로 비교된다. 당시 유럽에서는 지식인의 언어인 라틴어를 사용해야 생각을 교환하는 데 익숙한 지식인들 사이에 새로운 사고를 신속히 전파할 수 있었기에 이들의 천재성은 더 빛이 난다.

1633년 데카르트는 네덜란드에서 『세계와 빛에 관한 논고(Traité du monde et de la lumière)』의 편집을 마치는데 이 책은 그가 지동설에 동조하는 마지막 과학 서적 중 하나이다. 이때 그는 갈릴레이가 유죄선고를 받았다는 소식을 듣는다. 자신의 운명을 걱정한 데카르트는 책의 출간을 미루고 자신을 위태롭게 할 만한 몇 가지 서류는 불태운다. 결국 그는 책의 내용을 다른 형식으로 바꾸어 익명으로 출간하기로 한다.

그러한 일이 있은 후 1637년 데카르트는 『방법서설(Discours de la Méthode, 부제는 '이성을 잘 인도하고 학문에서 진리를 찾기 위하여')』을 출간한다. 이 책의 첫 권은 이 방법을 적용하는 3개의 과학 분야 논설로 들어가는 입문서이며 3개 분야는 『굴절광학(La Dioptrique)』(굴절법칙에 관한 설명), 『기상학(Les Météores)』(구름, 비, 벼락같은 자연 현상에 관한 논고), 그리고 『기하학(La Géométrie)』(대수와 기하학을 통합할 것을 제안함)이다. 이 도입부가 유명한 것은 이 부분이 흔히 현대 과학의 기초를 놓은 독립된 논문으로 인식되기 때문이다. 여기서 현대 과학의 기초란 우주는 수학적으로 해석될 수 있다는 것과 모든 현상은 법칙에 맞추어 설명되어야 한다는 것이다.

데카르트의 우주론은 우주가 무한한 동시에 충만하다는 생각에 근거를 둔다. 우주에는 빛나는 물체(태양, 별), 투명한 물체(하늘), 그리고 불투명한 물체(행성, 혜성)들이 있다. 우주는 불, 물, 흙이라는 3가지 구성요소로 이루어져 있다. 흙의 입자는 크고 공기의 입자는 중간이고 불의 입자는 작다. 이 입자들은 소용돌이 모양으로 모인다. 가장 속도가 빠른 불의 입자들은 중앙으로 뭉쳐져 별을 이룬다. 소용돌이는 흙 입자들을 가장자리로 보내는데 그곳에서 흙 입자들은 행성이 되어 태양 주위를 도는 기계적 운동을 한다. 데카르트는 이렇게 천체의 운동을 설명하는데 각각의 별은 자신의 고유한 소용돌이를 갖고 있다. 혜성은 하나의 소용돌이에서 또 다른 소용돌이로 여행하는 별이다. 요컨대 데카르트는 경험이 아닌 형이상학적 원리에 근거하는 사변적 체계를 만든 것이다. 광학과 기하학에 기여한 것 이외에 그의 또 다른 과학 분야 업적은 이론의 여지없이 '방법론적 회의'이다.

비슷한 시기인 1639년 블레즈 파스칼은 16세의 나이로 사영기하학에 근거한 『원추곡선론(Essai pour les coniques)』을 출간한다. 이후 그는 '파스칼린(Pascaline)'을 개발하기 시작한다. 그것은 오트 노르망디의 재정감독관이었던 아버지가 계산을 많이 필요로 해서 아버지를 돕기 위해 1642년부터 구상한 것이다. 파스칼린은 견본이 20여 개쯤 제작되었는데 그때까지 시판된 적 없는 최초의 계산기였다.

1648년 퓌드돔(Puy de Dôme)산 정상에 오른 파스칼은 고도가 올라갈수록 토리첼리 기압계의 수은 눈금이 내려간다는 것을 보여주는 증거를 가져온다. 이 경험으로 파스칼의 이름은 후대의 뉴턴(Newton)처럼 국제단위계의 단위가 된다. Pa로 표시되는 파스칼은 오늘날 압력의 단위로, 1 Pa는 1 m^2당 1 N의 힘이 작용할 때의 압력이다. 1654년 마침내 파스칼은 확률 계산의 근원이 되는 과학적 방법론을 만들어내는데 이것은 경제학과 사회과학 분야의 여러 현대이론에 결정적 토대가 된다.

같은 해 1654년 말 마차 사고를 겪은 뒤 그는 신비한 체험을 하고 그로 인해 철학적, 종교적 성찰에 몰두하게 된다. 그는 장세니즘(Jansénism)을 가까이 하여 데카르트 철학 접근법의 완고한 반대자가 된다. 바로 이 시기에 그는 『시골 친구에게 보내는 편지(Provinciales)』와 『팡세(Pensées)』를 집필하는데 이 책들은 1662년 그가 사망한 후 10년 뒤인 1672년에야 출간된다. 이 책은 영원성에 짓눌려 아무런 의미가 없어진 자연에 맞서는 한 인간을 보여준다. 그가 유일하게 의지한 것은 '무한한 공간의 영원한 침묵'이라는 정신이다.

참조항목

220쪽 새로운 관점들 | 1543년
223쪽 영원을 향하여 | 1600년

뉴턴이 최초의 반사망원경을 만들다

1671년

아이작 뉴턴은 거울을 이용한 최초의 망원경을 직접 제작한다. 이것은 그때부터 지금까지 여전히 고성능 천문관측기구에 사용되는 기술이다.

•

아이작 뉴턴(Isaac Newton)은 1643년 1월 4일 잉글랜드 서부 그랜섬 근처 울즈소프(Woolsthorpe)의 저택에서 태어난다. 아들이 공부에 재능이 있음을 알아챈 어머니는 그가 학교에 가도록 허락하고 장차 대학에 진학하도록 한다. 그리하여 1661년 케임브리지대학의 트리티니 칼리지에 들어간 그는 수학 교수인 아이작 배로우(Isaac Barrow)의 눈에 띄었고 1669년 스승의 교수직을 이어받는다.

1670년 뉴턴은 유리 프리즘으로 빛을 통과시켜 대양광선을 분석하는 데 성공한다. 그로부터 얻은 결론은 색이 프리즘이 아닌 빛 속에 있다는 것이었다. 빛이 스펙트럼이라는 발견은 현대 천문학의 기반이 된다. 별의 메신저인 빛을 분리해내면 천문학자는 천체물리학자가 되는 것이다. 스펙트럼 분석은 실제로 빛의 근원에 있는 별 속에서 작동중인 물리적 과정에 대해 알려준다.

빛에 관한 연구에 몰두하던 뉴턴은 굴절망원경의 유리 렌즈가 왜 관측에 방해가 되는 색수차(chromatic aberration)를 일으키는지 보여준다. 이 결점이 보완 가능하다는 것을 증명하기 위해 뉴턴은 입구에 오목거울이 있는 광학 장치를 만드는데 이때 작은 평면거울 덕분에 기구

측면에 있는 관찰자를 향해 빛이 오게 된다. 1668년 말 그는 첫 번째 반사망원경을 만든다. 1671년 왕립학회는 뉴턴에게 망원경을 시연해 줄 것을 요청한다. 다음 해에도 학회가 관심을 보이자 그는 결국 1704년 『광학(Opticks)』에서 자신의 연구를 발표한다. 광학 논문인 이 저서에서 그는 빛의 미립자 이론을 설명한다.

점점 더 멀어지므로 빛이 점점 약해지는 별들을 찾아내기 위한 유일한 방법은 입구의 집광렌즈 크기를 확대하는 것이다. 지름이 1 m 이상인 렌즈를 이용하면 극복할 수 없는 기술적 문제가 발생하므로 천문학자들은 굴절망원경을 포기하고 광학망원경을 이용한다. 1918년 캘리포니아 윌슨산 천문대의 거대망원경인 후커(Hooker)가 가동되기 시작하는데 이 망원경에는 지름 2.5 m인 거울이 장착된다. 후커 망원경은 거대망원경이 인정받는 계기가 된다. 이것을 이용하여 미국의 천체물리학자 에드윈 허블(Edwin Hubble)이 우주의 팽창을 발견할 수 있었다.

뉴턴이 가장 위대한 과학자 중 한 명이라면 역학 분야의 업적 때문일 것이다. 1687년 출간된 『자연철학의 수학적 원리(Philosophiae naturalis principia mathematica)』에서 그는 훗날 '뉴턴 역학'이라 불리는 역학에 완벽한 논리 형태를 단번에 부여한다. 프랑스에서 뉴턴의 저서는 데카르트 철학 이론과 직접적 경쟁에 돌입한다. 18세기 중반 에밀리 뒤 샤틀레(Émilie du Châtelet)가 뉴턴을 번역한 후에야 프랑스 학계는 데카르트의 역학 이론이 뉴턴 역학 앞에 무색해지는 것을 인정한다.

참조항목

226쪽 갈릴레이가 그의 첫 번째 망원경을 제작하다 | 1609년
238쪽 에밀리 뒤 샤틀레가 뉴턴을 번역하다 | 1745년

세계의 다원성

1686년

『세계의 다원성에 관한 대화』에서 퐁트넬은 우주를 경이로운 쇼에 비교하고 별들을 무수한 세계를 비추는 무수한 태양으로 설명한다.

•

1680년 말 아주 눈부신 혜성이 나타난다. 독일 작센 출신의 천문학자 고트프리트 키르히(Gottfried Kirch)가 굴절망원경을 이용해 1680년 11월 14일 이 혜성을 발견하는데 이 혜성은 이렇게 발견된 최초의 혜성이다. '1680년 대혜성'이라고도 불리는 이것의 오늘날 명칭은 국제천문연맹이 1995년부터 채택한 명명법에 따라 'C/1680 V1'이다. 11월 30일 지구로부터 단 6천 3백만 km 떨어진 곳을 지나간 이 혜성은 1680년 12월 18일 태양을 아주 가까이(93만 km 떨어진 곳) 스쳐간다. 그리고 12월 29일 최대 밝기에 도달한 후 점점 멀어져 1681년 3월 19일에 마지막으로 발견된다.

C/1680 V1의 통과는 위대한 세기(Grand Siècle, 17세기)의 프랑스에 확실한 충격을 준다. 이것에 영감을 받은 프랑스의 작가이자 과학자 베르나르 르 보비에 드 퐁트넬(Bernard Le Bovier de Fontenelle)은 1막짜리 희곡 「혜성(La Comète)」을 쓴다. 1681년 코메디 프랑세즈에서 공연된 이 희곡은 천문학적 사건에 관련된 미신을 고발하는 내용이다. C/1680 V1의 통과가 불러일으킨 천문학에 대한 열광으로 퐁트넬은 1686년 그의 가장 유명한 저서 『세계의 다원성에 관한 대화(Entretiens sur la pluralité des mondes)』를 세상에 내놓는다. 이 책의 성공은 시기도 적절했다. 저자 생전에 책이 33판이나 나왔으니 말이다.

여섯 '밤'으로 나뉘어 있는 『세계의 다원성에 관한 대화』는 니콜라우스 코페르니쿠스(Nicolaus Copernicus)와 르네 데카르트(René Descartes)에게 영감을 얻은 철학자인 화자 그리고 재치 있고 젊은 후작 부인 G와의 다정하고 친절한 대화이다. 이것은 특히 퐁트넬에게는 16세기부터 화제였던 세계의 다원성에 관한 자신의 합리주의적 신념을 드러낼 기회였다. 그리고 이 대화에는 요하네스 케플러(Johannes Kepler), 하위헌스(Christiaan Huygens), 혹은 시라노 드베르주라크(Cyrano de Bergerac)에 대한 뚜렷한 암시가 나타나 있다.

1697년 프랑스 과학 아카데미의 종신 서기가 된 퐁트넬은 최신의 과학 발견에 대해 듣고 자기 저서의 두 번째 판을 낼 때 그것을 포함시킨다. 그는 세계의 다원성을 지지했으나 달과 행성들(금성, 수성, 화성, 목성, 토성)에 주민이 있을 가능성을 고려하는 과학적 신중함도 갖고 있었다. 퐁트넬은 자신의 신념에 반하는 비평과 신중함을 표현할 줄 알았다. 오늘날 태양이 아닌 다른 별 주변에서 확인된 수천 개의 행성이 세계의 다원성 가설을 훌륭히 증명해줄 일만 남아있다.

참조항목

223쪽 영원을 향하여 | 1600년
220쪽 새로운 관점들 | 1543년
230쪽 코기토 에르고 숨 | 1637년
255쪽 외계행성의 발견 | 1995년

목성 질량에 견줄 만큼 무거운 가스로 이뤄진 거대행성 HD 188753 Ab의 가상의 위성을 그린 상상도. 이 거대행성은 백조자리 방향에 있으며 태양으로부터 149광년 떨어져 있는 HD 188753이라는 삼중성계 주위를 공전한다.

에밀리 뒤 샤틀레가 뉴턴을 번역하다

1745년

에밀리 뒤 샤틀레는 볼테르의 뮤즈이자 뛰어난 계몽주의 과학자이다. 그녀는 유명인사인 친구의 권유로 아이작 뉴턴의 『자연철학의 수학적 원리』를 프랑스어로 번역하기 시작한다.

●

에밀리 뒤 샤틀레(Émilie du Châtelet)는 1706년 파리에서 태어난다. 브르퇴이(Breteuil) 남작의 딸인 그녀는 아주 어려서부터 파리에 있는 아버지의 살롱에서 유명한 과학 작가인 베르나르 르 보비에 드 퐁트넬(Bernard Le Bouyer de Fontenelle)같은 유명 인사들과 어울려 지낸다. 그녀의 어머니 가브리엘 드 프룰레 테세(Gabrielle de Froulay Tessé)는 교양 있는 여성으로 자식들을 집에서 교육받도록 한다. 그리하여 에밀리는 두 남자 형제와 같은 교육을 받는데 라틴어, 수학, 물리학, 그리스어, 독일어, 에스파냐어, 클라브생(하프시코드), 노래, 춤, 승마 등을 배운다.

결혼으로 샤틀레 후작 부인이 되었으나 지성과 과학에 관심이 많은 그녀는 자신이 속한 상류층의 동시대 여성들과 같은 해방된 삶을 산다. 그녀의 연인 중 한 명인 볼테르(Voltaire)는 유럽에서 가장 유명한 철학자였는데 그와는 1733년에 만나게 된다. 한창 명성을 날리던 38세의 볼테르는 잉글랜드에서 돌아와 그녀에게 아이작 뉴턴(Isaac Newton)을 소개한다. 이때 사교계 생활을 단념한 그녀는 프랑스 과학 아카데미의 회원인 수학자 알렉시 클레로(Alexis Clairaut)와 피에르 루이 모로 드

모페르튀이(Pierre Louis Moreau de Maupertuis) 곁에서 수학한다.

이 새로운 배움은 오늘날 오트-마른(Haute-Marne)에 위치한 시리(Cirey) 성에서 이뤄지는데 그녀는 집필한 글이 문제가 되어 추격을 받던 볼테르를 이곳에 숨겨준다. 이곳이 5년 동안 그들의 유일한 주거지였고 볼테르는 이후 에밀리가 1749년 사망할 때까지 이곳에서 그녀를 가끔 만난다. 후작부인과 철학자는 함께 아이작 뉴턴의 사상을 전파하기 시작한다. 에밀리가 1687년 출간된 『자연철학의 수학적 원리(Philosophiae neturalis principia mathematica)』의 번역에 뛰어든 것은 1745년으로 이 책에서 뉴턴은 훗날 뉴턴역학으로 불리게 될 역학에 완벽한 형태를 부여하고 수많은 지구 현상과 천문 현상을 설명한다. 뉴턴은 과감한 일반화를 통해 지구가 물체에 가하는 힘(무게)은 태양이 모든 태양계 천체에 가하는 힘과 같은 성질의 것이라고 가정한다.

에밀리 뒤 샤틀레와 볼테르의 관계는 15년간 이어진다. 볼테르는 여성 과학자에 대한 관용이 없는 세상 앞에 그녀의 지성, 재치와 인간성을 드높인다. 그는 동시대인의 저속함과 시기 앞에서도 그녀를 향한 지지를 아끼지 않는다. 그들은 아주 가까운 사이였는데 심지어 헤어진 후에도 그러했고 볼테르는 1749년 그녀가 이른 죽음을 맞이할 때까지 그녀를 돕는다. 그는 그녀의 『자연철학의 수학적 원리』 프랑스어판이 1756년 출간되도록 하는데 이것은 3세기 가까이 지난 지금에도 여전히 시사하는 바가 크다. 오늘날 과학사에 가져온 그의 고유한 기여를 통해 에밀리는 프랑스 최초의 위대한 여성 과학자가 되었다.

참조항목

233쪽 뉴턴이 최초의 반사망원경을 만들다 | 1671년

$E = mc^2$

1905년

1905년 학술지 『물리학 연보』에서 발표한 4개의 논문으로 아인슈타인은 20세기를 상징하는 과학자가 된다. 그리고 이 지위는 장차 발표될 중력에 관한 연구로 더욱 확고해진다.

•

알베르트 아인슈타인(Albert Einstein)은 1879년 독일의 울름(Ulm)에서 태어난다. 1890년대에는 가업으로 인한 이동이 잦았고 그로 인해 당시 중등 교육을 받던 아인슈타인은 큰 어려움을 겪는다. 이 경험이 그를 더욱 독립심 강한 기질로 만든다. 하지만 1896년 그는 결국 취리히 연방공대에 입학한다. 1895년 그는 군복무에서 벗어나고자 독일 국적을 포기하는데 공식적인 국적 포기는 1896년이다. 전통적인 방식의 교육을 늘 견디기 힘들어했던 아인슈타인은 이 시기에 독학으로 지식을 심화시키고 1900년 가까스로 대학을 졸업한다.

1896년부터 무국적자였던 아인슈타인은 1901년 스위스로 귀화한다. 그리고 불안정한 생활을 끝내고자 대학가를 떠난다. 1902년 6월 그는 베른에 있는 연방 특허심사국에 취직하는데 그 덕분에 아인슈타인은 과학 연구를 계속하며 살 수 있게 된다. 시간의 동기화에 관한 발명품을 심사한 덕분에 아인슈타인은 생각에 의한 실험으로 마침내 빛의 성질, 공간과 시간의 관계에 대한 근본적 결론에 도달한다.

1905년은 스위스의 하급 공무원이던 아인슈타인에게 진정한 기적의 해(annus mirabilis)였다. 이 기간에 그는 1905년 독일 학술지 『물리학 연보(Annalen der Physik)』에 현대 물리학의 토대가 되는 논문 4개를 게재한다. 20세기 초 독일어는 물리학 분야의 표준 언어였고 『물리학 연보』는 권위 있는 학술지였다. 막스 플랑크(Max Planck)가 1901년 흑체에 관한 연구를 발표한 것도 바로 이 학술지에서였다.

아인슈타인의 첫 번째 논문은 6월에 발표된다. 그는 빛의 에너지를 전달하는 것은 양자(quanta, 1920년에는 '광자'라 부르게 됨)라고 주장한다. 이 연구 덕분에 아인슈타인은 1921년 노벨 물리학상을 수상한다. 7월에 발표된 기체분자운동론에 관한 보고는 1906년 발표된 논문의 연장선상에 있다. 9월에는 상대성원리에 관한 논문이 나오는데 이것은 20세기의 가장 유명한 핵심 문서로 방정식이 거의 없는 특허증처럼 쓰여 있다. 마침내 11월 아인슈타인은 네번째 논문을 발표하는데 이 논문에서 그는 어떤 물체가 에너지 L을 내면 이 물체의 질량은 L/V^2(여기서 V는 빛의 속도)만큼 감소한다는 것을 보여준다. 1912년 아인슈타인은 질량-에너지의 등가성을 $E=mc^2$으로 나타내는데 이것은 아마도 물리학에서 가장 유명한 방정식일 것이다.

독일의 위대한 물리학자 막스 플랑크에게 베를린으로 와서 함께하자는 제안을 들은 아인슈타인은 1914년 베를린에 정착해 대학교수 자리를 얻고 프로이센 과학 아카데미의 회원이 된다. 바로 이곳에서 그는 1915년 일반상대성이론을 발표하고 1919년 독일 국적을 회복한다.

참조항목

87쪽 태양은 핵융합 발전소 | 45억 7천만 년 전

미스 리빗과 은하 간의 거리

1912년

소마젤란성운의 무거운 별들은 주기적으로 빛을 내는데 헨리에타 리빗은 이것을 이용하여 1912년 주기-광도 관계를 정립한다. 하지만 남성 천문학자들은 이 근본적 발견의 업적을 그녀에게서 앗아간다.

•

미국의 헨리에타 리빗(Henrietta Leavitt)은 1868년 메사추세츠주 랭커스터(Lancaster)에서 출생한다. 소녀들을 위한 학교에서 착실히 공부를 마친 그녀는 1893년 하버드대학교 천문대의 '컴퓨터' 그룹에 들어가는데 컴퓨터란 미국의 천문학자이자 물리학자 에드워드 찰스 피커링(Edward Charles Pickering)이 남성 천문학자들이 하지 않는 업무를 전부 맡기기 위해 고용한 여성들을 말한다. 여성들이 관측한다는 것은 당시에는 어림없는 일이었다. 그리하여 피커링이 리빗에게 할당한 업무는 천문대의 사진 건판 수집본에서 별의 밝기를 철저히 검토하는 하찮고 반복적인 업무였으며 피커링이 당시 몰두하던 작업인 변광성을 확인하는 것이 목적이었다.

리빗은 오늘날 우리은하의 영향력 아래 있는 것으로 알려진 국부 은하군의 불규칙 왜소 은하인 소마젤란성운의 변광성들을 확인하기 위해 힘든 작업을 수행한다. 리빗은 1908년 세페이드형 변광성 몇 개를 확인하고 주기가 가장 긴 것이 가장 밝다고 기록한다. 천문학자들은 세페우스(Cepheus)자리 델타성처럼 일정한 주기로 밝기가 변하는 무거운 별들을 '세페이드 변광성'이라 칭한다. 리빗은 1912년 20개가 넘는 소마젤란성운의 세페이드 변광성으로 연구를 확장한 후 이 변광성의 겉보기 밝기는 이 별의 주기의 로그값에 비례하여 감소한다고 설명한다. 이 변광성들은 같은 성단에 위치하므로 모두 같은 거리에 있다. 따라서 세페이드 변광성의 주기-광도 관계(리빗의 법칙)는 그 변광성의 고유한 속성이다.

거리가 알려진 세페이드 변광성을 하나라도 이용한다면 리빗의 법칙을 통해 천문학에서 아주 유용하게 사용되는 세페이드 변광성의 절대 밝기를 확실히 알 수 있다. 실제로 어떤 별의 절대등급과 겉보기등급을 비교하면 이 별까지의 거리를 계산할 수 있다. 20세기 초 미국의 천문학 분야에서 여성의 역할은 자료를 검토하는 것뿐이었다. 그런데 마침내 덴마크의 천문학자 에즈나 헤르츠스프룽(Ejnar Hertzsprung)이 1913년 우리은하의 세페이드 변광성 몇 개의 거리를 측정하고 리빗이 정한 관계를 등급으로 정리한다. 그러나 세페이드 변광성의 주기-광도 관계에는 여전히 리빗의 이름이 붙는다. 1920년대 에드윈 허블(Edwin Hubble)이 리빗의 관계를 이용해 수많은 은하의 거리를 측정하는데 이것을 토대로 나중에 우주의 팽창이 발견된다.

참조항목

77쪽 국부은하군에서의 충돌 | 52억 년 전

슈바르츠실트 반지름

1916년

아인슈타인은 1916년 프로이센 과학 아카데미에서 슈바르츠실트의 이름을 동원해 어떤 별의 외부를 지배하는 시공간의 곡률 계산에 관한 논문을 발표한다.

•

1915년 가을 세계대전이 유럽을 할퀸다. 독일의 천체물리학자 카를 슈바르츠실트(Karl Schwarzschild)는 포츠담 천문대장으로 독일-러시아 전선의 포병대 중위이다. 그는 군 복무 중 갖기 힘든 조금의 여유 시간 동안 프로이센 과학 아카데미의 회보를 읽는데 그는 1913년 이 아카데미의 회원으로 선출된 바 있다.

1915년 11월 25일자 회보에서 슈바르츠실트는 알베르트 아인슈타인(Albert Einstein)이 일반상대성이론을 발표한 그 유명한 논문을 발견한다. 별 같은 무거운 천체 주변 공간의 기하학에 있어 이 새로운 중력 이론이 무엇을 예측하는지에 대해 곰곰이 생각하던 슈바르츠실트는 며칠 만에 별 외부를 지배하는 시공간의 곡률을 계산해낸다. 하지만 그는 당시 불치병이던 혹독한 피부병에 걸려 4개월 후 사망한다.

슈바르츠실트 기하학의 핵심 변수는 R_S로 표기되는 슈바르츠실트 반지름으로 문제의 별의 질량에만 비례한다. 별의 밀도가 클수록 별의 반지름값은 R_S에 가까워지고 주변 시공간의 왜곡은 더 커진다. 별의 반지름이 R_S와 같으면 시공간의 왜곡은 별의 표면에서 무한히 팽창된 시간이 정지된 것처럼 나타난다. 별이 내는 빛의 파장은 시간의 왜곡과 같은 비율로 증가한다. 별의 표면에서 파장은 무한히 증가하고 따라서 빛은 사라져버린다. 외부 관찰자는 이제 별에서 나오는 어떠한 빛도 보지 못한다.

1952년 미국 뉴저지의 프린스턴대학 교수인 물리학자 존 휠러(John Wheeler)는 1939년 미국 물리학자 로버트 오펜하이머(Robert Oppenheimer)의 빛에 관한 연구에 주목한다. 이 연구는 일반상대성이론이 진화가 끝나가는 거대 질량 별에 할당하는 운명, 즉 붕괴하여 초밀집 천체가 되어 그곳으로부터 빛이 빠져나올 수 없을 정도가 되는 운명에 관한 것이다. 휠러는 대중의 관심을 끌기 위해 비유를 사용하는 것으로 유명하다. 1967년 뉴욕에서 개최된 한 회의에서 그는 '블랙홀'이란 용어를 사용해 진화의 끝에 있는 무거운 별에게 일반상대성원리가 정해주는 미래를 명명한다.

참조항목

152쪽 블랙홀의 향연 | 700만 년 전
174쪽 초기대질량블랙홀 | 기원전 2만 4650년
176쪽 블랙홀 신성 | 기원전 1만 6000년
259쪽 최초의 중력파 발견 | 2016년

우주 정복을 위하여

1957년

미국에 제2의 진주만 폭격으로 인식된 1957년 10월 4일 최초 인공위성의 궤도 안착은 우주 경쟁의 서막을 알린다.

•

1930년대 초 소련의 엔지니어 세르게이 코롤료프(Sergueï Korolev)는 자신만큼 열정적인 친구 몇 명과 함께 제트추진비행 실험그룹을 세운다. 이때 그들의 생각은 현대 우주 비행학의 선구자인 러시아 과학자 콘스탄틴 치올콥스키(Constantin Tsiolkovski)의 아이디어로 가득했다. 1944년 'V2'(보복 무기를 뜻하는 독일어 Vergeltungswaffe에서 비롯됨)라는 명칭으로 더 잘 알려진 A4로켓이 독일 엔지니어 베르너 폰 브라운(Wernher von Braun)에 의해 설계되는데 이 로켓은 폭발적 하중을 매우 높이 그리고 매우 빨리 추진시켜 어떠한 요격에서도 벗어날 수 있도록 하는 로켓 엔진의 잠재력을 보여준다. 1950년대 초 냉전이 한창일 때 소련인들은 로켓 추진 탄도 미사일이 절대적 무기라고 확신한다.

코롤료프는 당시 제1실험연구국에 소속되어 R7 로켓 개발을 이끈다. R7은 5톤 중량을 날려버릴 수 있는 장거리 미사일이다. '세묘르카(Semiorka, 러시아어로 숫자 7의 지소사(작다는 뜻))'라는 별칭이 있는 R7은 1.5단 형태의 로켓으로 중심체와 각 4개의 로켓 엔진이 실려있는 4개의 대형 추진기로 구성된다. 1957년 8월 21일 카자흐스탄의 새로운 발사대(오늘날 바이코누르 우주로켓 발사기지)로부터 최초의 발사가 성공적으로 이뤄진다. 이 로켓은 6,000 km 이상 떨어진 캄차카반도 연안 해역의 표적을 맞힌다. 근심에 찬 미국은 자신들의 취약함에 대해 인식하게 된다.

코롤료프는 어린 시절의 꿈을 잊지 않는다. 그는 끊임없이 소련 지도자들에게 R7 로켓을 이용하여 지구로부터 인공위성을 쏘아 궤도에 올리자고 설득한다. 1957년 10월 4일 스푸트니크(Spoutnik) 1호가 발사된 것은 이미 잘 알려져 있다. 깜짝 놀란 세계는 급격히 우주시대로 돌입한다. 이후 4년이 채 되지 못한 1961년 4월 12일, 소련의 우주비행사 유리 가가린(Yurii Gagarin)은 우주캡슐 보스토크(Vostok)호에 타고 지구 주변 궤도를 최초로 비행한다. 이때 보스토크호는 작은 2단짜리 R7 로켓에 실려 발사된다. 이렇게 가가린은 우주에 도달할 최초의 인간은 러시아인이 될 것이라 했던 1935년 치올콥스키의 예측을 실현한다. 그리고 1962년 2월이 되어서야 미국의 우주비행사 존 글렌(John Glenn)이 최초의 궤도 비행을 실현한다. 그러나 곧이어 1962년 9월 12일 미국 대통령 존 케네디(John Kennedy)는 1960년대가 끝나기 전 미국인이 달에 갈 것이라고 공표한다.

참조항목

252쪽 달 위를 걷다 | 1969년
269쪽 최초의 민간 로켓 | 2020년
272쪽 달로의 귀환 | 2029년
285쪽 엘리베이터를 타고 우주로 | 2195년

지구에서 쏘아 올린 최초의 인공위성 스푸트니크 1호. 러시아 로켓 R7에 실려 1957년 10월 4일 궤도에 안착한다.

우주 생성의 비밀을 알려주는 잡음

1964년

아노 펜지어스와 로버트 윌슨은 전파 영역에 잡음이 있다는 사실을 발견하고 그것이 우주배경복사임을 확인한다.

•

1959년 미국 벨연구소의 엔지니어들은 에코(Echo) 프로그램의 일환으로 뉴저지주 홈델(Holmdel)에 혼(horn) 형태의 안테나를 설치한다. 완전히 새로워진 NASA의 에코 프로젝트의 목적은 위성을 통한 원격통신 시스템을 설치하는 것이었다. 당시 미국 로켓의 허용 탑재량은 오늘날 사용되는 형태의 정지궤도위성을 싣기 힘든 수준이었다. 그래서 NASA의 전문가들은 금속처럼 반짝이는 초박형(0.1 mm) 플라스틱 필름으로 만들어진 기낭(氣囊)을 실은 작은 우주선을 보내기 시작한다. 일단 궤도에 오르면 기낭은 부풀어 지름 30 m짜리 풍선이 되고 그 표면이 전파를 반사한다. 이렇게 위성에서의 반사를 통해 지표면의 두 지점이 연결될 수 있다.

1964년 벨 연구소에 근무하던 2명의 미국 물리학자 아노 펜지어스(Arno Penzias)와 로버트 윌슨(Robert Wilson)은 이렇게 에코를 통해 반사된 아주 희미한 전파 신호 감지를 방해하는 것으로 의심되는 잡음의 원인을 찾아 제거하려고 한다. 이들은 열잡음을 제거하려고 홈델의 혼 안테나의 수신기를 액체헬륨의 온도(절대영도 위 4 K)까지 냉각시킨다. 그러나 cm 단위의 전파 대역에서 지속되는 배경음은 설명되지 않았다.

만일 그것이 러시아 태생의 미국 물리학자 조지 가모프(George Gamow)가 16년 전 예견한 우주배경복사로 확인될 경우를 제외하면 말이다. 가모프는 1948년부터 빅뱅은 잔류복사를 남겼으며 이 잔류복사는 우주 팽창 효과로 온 우주를 가득 채우고 오늘날 몇 켈빈의 온도를 지닌 물체가 내는 것 같은 전형적인 열복사의 형태로 나타날 것이라고 예견한다.

벨 연구소에서 전파 탐지를 맡았던 펜지어스와 윌슨이 우주배경복사를 발견하는 동안 미국의 물리학자 로버트 디키(Robert Dicke)와 그의 프린스턴대 동료들도 똑같은 우주배경복사를 탐지하기 위한 안테나를 제작하고 있었다. 디키가 펜지어스와 윌슨의 발견을 들었을 때 그는 이렇게 외쳤을 것이다. "여러분, 우리가 추월당하고 말았습니다." 요컨대 상당히 우연스러웠던 이 우주배경복사의 발견은 빅뱅이론을 뒷받침하는 결정적 증거로 빠르게 인식되었고 그 결과 펜지어스와 윌슨은 1978년 노벨 물리학상을 수상한다.

참조항목

17쪽 빅뱅 | 팽창의 시작
39쪽 우주가 투명해지다 | 팽창 시작 38만 년 후
63쪽 우주가 3배 더 뜨거워지다 | 108억 년 전

개구부가 3 m인 혼 안테나 앞에 선 아노 펜지어스와 로버트 윌슨. 이 안테나는 위성을 통해 전달된 신호를 수집하기 위해 설계되었으며 이것을 이용해 이 과학자들은 우주배경복사를 발견했다.

달 위를 걷다

1969년

1969년 7월 21일 아폴로 11호 달착륙선은 용암 평원 근처에 착륙한다. 이 우주선에 타고 있던 미국의 우주비행사 닐 암스트롱은 최초로 달 위를 걸은 인류가 된다.

•

"한 인간에게는 작은 한 걸음이지만 인류에게는 거대한 도약이다." 이 말을 한 후 닐 암스트롱(Neil Armstrong)은 달 착륙선 이글(Eagle)호의 랜딩기어를 내리며 아래쪽을 향해 미끄러져 내려간다. 그는 달을 밟은 후 신발 자국이 땅에 찍힌 것을 확인한다. 그럼으로써 그는 소비에트 연방의 러시아 우주비행사 유리 가가린의 첫 번째 궤도 비행 직후 미국 대통령 존 케네디(John Kennedy)가 정한 목표를 성취한다. 1961년 5월 25일 케네디 대통령은 1960년대가 끝나기 전 미국인이 달에 발을 디딜 것이라는 의지를 의회 앞에 천명한다. 그는 1962년 9월 텍사스주 휴스턴에 있는 라이스(Rice)대학에서 한 유명한 강의에서 이 의지를 재천명한다.

암스트롱과 함께 달착륙선을 조종한 우주비행사 에드윈 알드린(Edwin Aldrine)은 달 위에서 하루가 조금 못 되는 시간 동안 머무는데 2시간 반 동안의 짧은 외출 시간에 이들은 암석 20여 kg을 채집한다. 세계 인구의 5분의 1이 생방송으로 시청한 달에 찍힌 인류의 최초 발자국은 소련과의 우주 경쟁에서 미국의 승리를 확실히 못 박는다. 이 놀라운 위업은 외계 정책의 초기 목표에 기대치 이상으로 부응했으나 또한 우주에 대한 미국의 열광이 쇠퇴하고 있음을 알리는 것이었다. 1970년부터 NASA의 예산은 심각한 수준으로 삭감된다.

1972년 12월 14일 아폴로 17호 임무의 달 착륙선 챌린저(Challenger)를 실은 상승단이 발사를 위한 플랫폼 역할을 위해 달에 남겨놓은 하강단에서 분리된다. 우주비행사 유진 서넌(Eugene Cernan)과 해리슨 슈미트(Harrison Schmitt)를 태운 우주캡슐은 달 주위 궤도를 돌던 사령선 아메리카(America)호 그리고 사령선의 조종사인 로널드 에반스(Ronald Evans)와 만난다. 서넌과 슈미트는 학자로서는 최초의 우주비행사로 달의 타우루스-리트로우(Taurus-Littrow) 계곡에서 3일을 보내며 월면차를 타고 100 kg이 넘는 암석을 채집한다.

아폴로 17호 임무의 세 우주비행사는 지구에서 그토록 멀리 모험을 떠난 마지막 인류이다. NASA는 1960년대 말에 세운 미래 계획을 포기하는데 당시의 영화 <2001 스페이스 오디세이>는 경계 없는 우주의 미래가 코앞에 있다는 생각을 퍼뜨린다. 이것으로 핵 추진 로켓을 이용해 화성으로 가는 우주 계획은 끝이 난다.

참조항목

272쪽 달로의 귀환 | 2029년
283쪽 화성 위를 걷다 | 2051년

아폴로 11호 임무 중 달에서 포즈를 취하는 '에드윈 버즈 알드린(Edwin Buzz Aldrin)'. 그의 헬멧 앞부분에 달 착륙선 이글과 닐 암스트롱이 비친다.

외계행성의 발견

1995년

미셸 마요르와 디디에 켈로즈는 페가수스자리 51 주위에서 목성의 질량과 비슷한 질량을 가진 동반성을 발견한다.

●

과학 학술지 『네이처』에 미셸 마요르(Michel Mayor)와 디디에 켈로즈(Didier Queloz)의 논문이 실린다. 이들은 논문에서 1995년 11월 목성의 질량과 유사한 질량을 가진 천체가 태양과 아주 가까운 형태를 가진 항성인 페가수스자리 51에서 8백만 km 떨어진 곳에 있다는 사실을 발표한다. 이것은 이 2명의 스위스 천체물리학자가 시선속도법을 사용해 외계행성(태양이 아닌 다른 항성 주변을 도는 행성)을 체계적으로 탐색해 얻은 최초의 성공 사례이다.

추골이 회전하며 운동선수의 몸이 흔들리는 것처럼 자신의 중력장에 행성을 가지고 있는 별은 이 행성의 궤도 주기에 따라 흔들린다. 별의 흔들림은 이 별의 시선속도(조준선을 따라가는 이 별의 속도 성분)의 주기적 변화로 해석된다. 관찰자 입장에서 어떤 별의 시선속도가 주기적으로 변하면 이 별의 스펙트럼에서 확인할 수 있는 분광선의 위치도 주기적으로 변하게 된다. 별의 무게와 궤도 반지름을 계산하면 외계행성의 존재를 증명할 수 있다고 한다. 하지만 시선속도법을 이용하면 항성에 가까우며 무거운 외계행성 예를 들면 목성 같은 가스형 거대행성 타입의 외계행성들을 쉽게 발견할 수 있다.

이렇게 우회적인 발견법을 탈피하고자 연구자들은 횡단(transit)법을 이용하는 것을 선호한다. 횡단법은 외계행성이 별 앞을 우연히 지날 때 찾아내는 법으로 이렇게 하면 매우 다양한 후보군을 찾아낼 수 있다. 이 방법을 이용하려면 아주 긴 시간 동안 중단 없이 많은 별을 관측해야 하는데 여기에는 통상 광대역 우주망원경이 이용된다. 2006년 말 발사된 프랑스의 미니 위성 코로(CoRoT)는 횡단법을 이용하는 최초의 사례이다. 그런데 반사경의 지름이 27 cm인 망원경을 탑재한 코로를 통해 발견된 외계행성은 30여 개 정도에 그친다.

2009년 말 발사된 미국 위성 케플러(Kepler)는 지름이 95 cm인 반사경을 갖춘 망원경을 싣고 있다. 임무가 완수되는 2018년 10월까지 케플러는 2,500개가 넘는 외계행성을 발견하는데 그중 95 %는 지름이 해왕성의 지름보다 작다. 2014년 케플러 위성 연구팀은 Kepler-186f를 발견했다고 발표한다. 이 외계행성은 지구 크기와 비슷하고 자기 항성의 생명체 서식 가능 영역(habitable zone) 내에 존재한다.

참조항목

235쪽 세계의 다원성 | 1686년
281쪽 외계 생명체의 발견 | 2042년
293쪽 인류가 우리은하 전체를 식민지화하다 | 1천만 년 후

필레, 추리에 착륙하다

2014년

10년을 앞당겨 발사된 로제타 탐사선은 여러 업적을 쌓는다. 그중 하나는 최초로 우주선이 혜성 주위를 돌며 혜성 핵에 착륙선을 내려놓았다는 점이다.

•

1985년 유럽우주국(ESA)은 유럽의 과학자들이 상당한 기술 진보를 이용해 우주 계획을 준비할 수 있도록 향후 20년간의 과학 프로그램을 지정한다. '호라이즌 2000(Horizon 2000)'이라는 이름의 이 계획은 4가지 주요 임무를 예정하고 있다. 가장 주목되는 임무는 혜성과의 랑데부로 태양계 형성의 비밀을 풀기 위해 직접 혜성에 가서 그것을 연구하고자 하는 것이다. 1993년 이 임무의 명칭은 '로제타'가 된다. 로제타는 이집트의 한 도시로 나폴레옹의 군인 한 명이 1799년 이른바 로제타 스톤을 발견한 곳이다. 그 비석에 쓰인 상형문자를 20년 후 프랑스의 고대 이집트 연구가 장 프랑수아 샹폴리옹(Jean-François Champollion)이 해독한다.

2004년 3월 2일 쿠루(Kourou) 기지에서 발사된 아리안(Ariane) 5호 로켓이 무게 3톤의 로제타(Rosetta) 탐사선을 태양 중심 궤도에 올려놓자 이 우주선은 2005년 3월 4일 지구를 처음으로 스쳐 지나간다. 이때 지구의 중력 도움(swingby)으로 우주선의 속력을 증가시킬 수 있다. 같은 작업이 2007년 2월 25일 반복되는데 이번에는 화성을 이용하고 그 후에는 2007년 11월 13일과 2009년 11월 13일 두 차례에 걸쳐 다시 지구를 이용한다. 이 연속된 중력 도움을 통해 이제 탐사선은 초당 약 39 km의 속도를 내게 되는데 처음 탐사선이 발사되어 추진 단계가 끝날 즈음의 속도는 초당 약 30 km였다. 로제타 탐사선은 2010년 7월 10일 소행성 루테시아(Lutetia)를 근접비행(flyby)한 후 추류모프-게라시멘코(Tchourioumov-Guérassimenko) 혜성(애칭은 추리Tchouri)을 향해 출발하여 여러 단계를 거쳐 혜성에 접근하는데 이때 궤도 비행을 시도할 수 있을 만큼 혜성 핵의 인력이 충분히 미치는 곳까지 다가간다. 2014년 10월 15일 로제타 탐사선은 반지름이 10 km인 핵 주변의 원형 궤도에 머무르며 여러 과학기구를 사용하여 핵을 분석한다.

2014년 11월 12일 무게 100 kg의 착륙선 필레(Philae)가 분리되는데 필레는 아스완 하이댐의 건설로 수몰된 나일강의 한 섬의 이름이다. 몇 시간 후 필레는 핵 표면에 착륙하는데 놀랍게도 그곳에서 필레의 무게는 겨우 1 g이다. 이토록 약한 중력에 대처하고자 미리 설계된 계류 장치가 고장 나자 로봇은 1 km 이상 튕겨 나간다. 아주 약한 강도로 두 번째 튕겨 오른 후 로봇은 마침내 커다란 바위 옆에 멈춘다. 로제타를 통해 움직임이 중계된 필레는 탑재된 과학기구를 이용해 수집한 데이터를 동력이 소진될 때까지 전송했다.

참조항목

147쪽 핼리 혜성 | 1천만 년 전

최초의 중력파 발견

2016년

국제연구팀은 2016년 블랙홀 2개가 합쳐질 때 생긴 엄청난 양의 중력파를 발견했다고 발표한다.

•

13억 광년이 넘는 거리에 2개의 블랙홀이 있는데 하나가 다른 하나의 주위를 돌고 있다. 질량은 각각 태양질량의 36배와 태양질량의 29배이다. 이들이 구성하는 계는 중력파 방출을 통해 조금씩 에너지를 잃고 있다. 조금씩 움츠러드는 나선형 궤도 위를 돌던 두 밀집성은 결국 합체된다. 이렇게 만들어진 블랙홀의 질량(태양질량의 62배)은 붕괴하여 융합된 두 별의 질량의 합보다 작다. 이 태양질량의 3배의 차이는 질량-에너지 등가관계에 근거하여 어마어마한 양의 에너지가 되고 이것은 엄청난 중력파의 에너지원이 된다. 이것은 온 우주를 진동시키는 역대급 사건이다. 2015년 이 반향이 중력파 대열로 감지되어 중력파 검출 전용장치인 라이고(LIGO) 천문대를 진동시킨다.

한 세기 전 알베르트 아인슈타인(Albert Einstein)의 상대성원리에 의하면 중력은 모든 무거운 물체가 우주에 남기는 곡률의 표현이다. 1916년 아인슈타인은 무거운 물체의 가속은 중력파, 즉 빛의 속도로 퍼지는 우주의 곡률 변화를 발생시킨다고 예측한다. 1960년대 말 물리학자들이 커다란 금속 실린더의 우연적 변형을 연구함으로써 중력파를 검출하려고 시도한다. 그런데 이 공간은 극도로 경직되어 있다. 따라서 중력파 대열이 통과해도 그 효과가 너무 미미하므로 이처럼 원시적인 장치로는 중력파를 검출할 수 없다. 21세기 전환기에는 규모를 바꾸어 레이저 간섭측정법을 통해 중력파를 탐지하는 거대 관측소가 활용된다.

가장 야심적인 장치인 라이고 2기가 세워진 곳은 미국으로 하나는 루이지애나주에 다른 하나는 워싱턴주에 설치된다. 여러 해 동안 실험 장치를 개선한 후 2015년 9월 14일 라이고의 물리학자들은 두 블랙홀의 융합을 탐지해낸다. GW150914로 등록된 이 사건은 과학계를 흥분시키고 결국 2017년 노벨 물리학상은 라이고 프로젝트의 설계자인 3명의 미국 물리학자 레이너 바이스(Rainer Weiss), 킵 손(Kip Thorne), 배리 배리시(Barry Barish)에게 돌아간다. 블랙홀의 존재를 입증한 이 사건은 새로운 천문학의 도래를 의미한다. 그리고 곧이어 같은 종류의 또 다른 사건 GW151226이 감지되어 새 천문학의 도래는 더욱 확고해진다.

참조항목

132쪽 킬로노바의 비밀 | 1억 3천만 년 전
244쪽 슈바르츠실트 반지름 | 1916년
278쪽 우주에서의 중력파 검출 | 2035년
295쪽 두 중성자별의 융합 | 3억 년 후

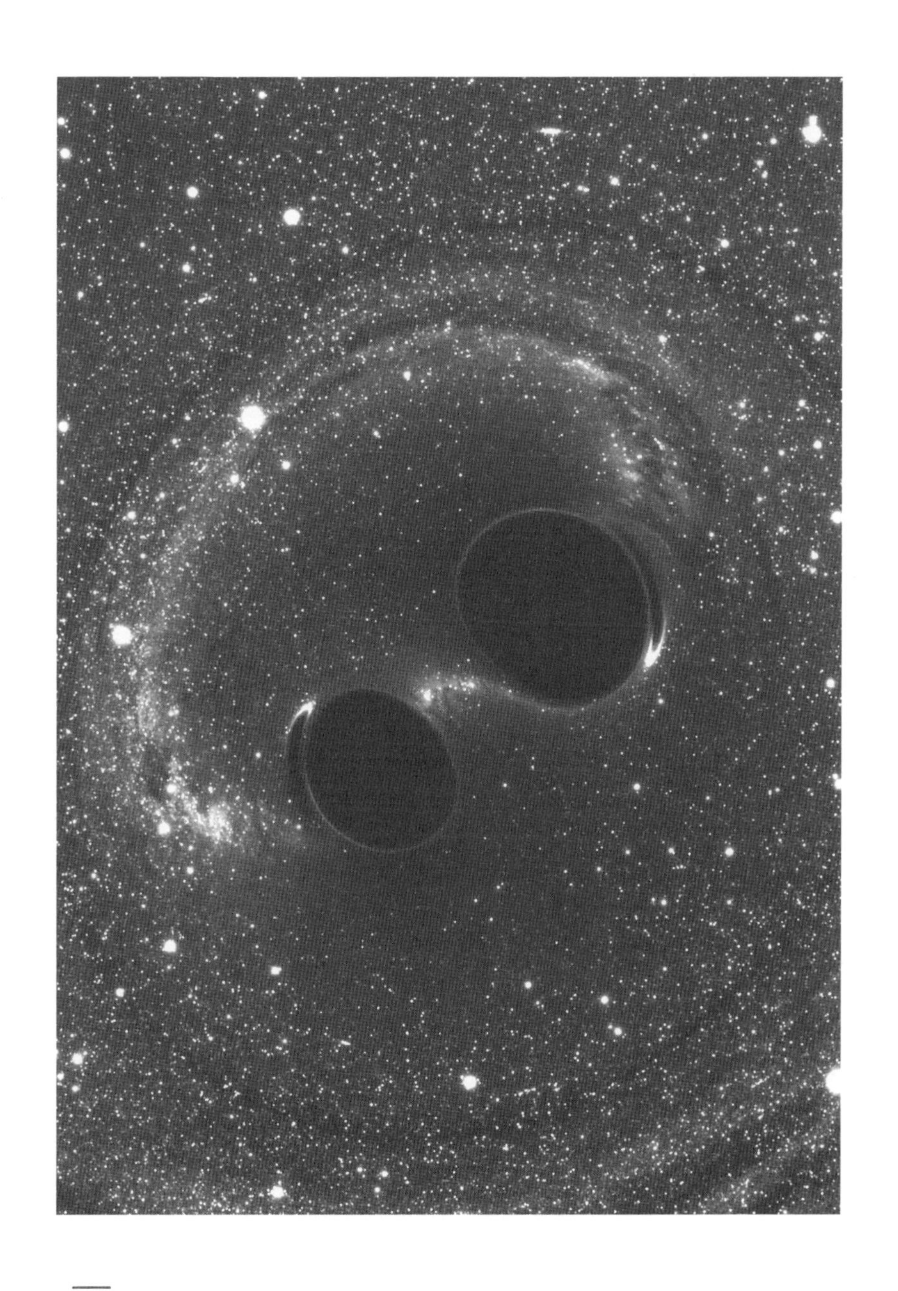

컴퓨터로 합성된 두 블랙홀의 융합 이미지. 엄청난 에너지를 방출한 이 사건은 라이고를 통해 2015년 9월 14일 처음으로 감지된다.

최초의 블랙홀 이미지

2019년

한 국제연구팀은 지구 전체를 둘러싸고 배치된 초장기선 간섭계를 이용해 거대 타원 은하 메시에 87(M87) 안에 있는 블랙홀의 이미지를 최초로 만들어낸다.

•

천체물리학자에게 블랙홀의 정확한 정의는 어떤 별의 밀도가 너무 높아 이 별이 슈바르츠실트 반지름이라는 한계와 같은 반지름을 가진 영역 안에 있는 것을 말한다. 블랙홀의 가장 큰 특징은 슈바르츠실트 반지름과 같은 반지름을 가진 지평선인데 이 지평선에서는 그 무엇도 빠져나올 수 없고 빛조차 빠져나오지 못한다. 잘 보이지 않는 물체의 이미지를 얻으려면 이 물체가 어떤 광원으로부터 빛을 받아야 한다. 그런데 블랙홀에 너무 가까이 스쳐 가는 물체는 포획되어 블랙홀 속으로 빠져버린다. 블랙홀과 너무 멀리 떨어져 지나가는 물체는 다시 우주로 돌아온다. 마지막으로 블랙홀에 너무 가깝지도 너무 멀지도 않게 접근하는 물체는 강력한 중력 효과로 휘어져 빛의 고리 모양으로 지평선을 둘러싼다. 1979년 프랑스의 천체물리학자 장 피에르 뤼미네(Jean-Pierre Luminet)는 블랙홀을 둘러싼 빛의 원반으로부터 빛을 받은 항성 블랙홀의 이미지를 계산을 통해 시뮬레이션한 최초의 인물이다. 이 이미지는 전 세계의 학계를 주목시키고 심지어 영화 <인터스텔라(Interstellar)> 안에서도 볼 수 있다. 이 SF영화에는 우주비행사들이 블랙홀 근처에 있는 장면이 나온다.

21세기 무렵 천체물리학자들은 지평선의 겉보기지름이 가장 큰 초거대질량블랙홀 몇 개의 이미지를 제작하고자 한다. 라디오 밀리미터 단위의 초장기선 간섭관측법을 통해 선별된 최고의 후보군을 관측해야 성공할 확률이 높아진다고 생각한 학자들은 2006년부터 전 지구적 규모의 과학 협력을 기획한다. 현재 연구자 200명 이상이 포함된 EHT(Event Horizon Telescope, 사건지평선망원경) 협력팀은 원자시계 덕분에 완벽히 동기화된 전파망원경 8기를 지구 주변 궤도에서 운영하고 있다. 1,300 ㎛(마이크로미터)파장대에서 운용되는 이 망원경 네트워크는 크기가 지구만 한 간섭계이며 이 거대한 크기 덕분에 20 ㎲(마이크로초) 정도의 해상력을 지닌다. 이 정도 해상력이면 뉴욕의 신문을 파리 시내의 카페테라스에서 읽을 수 있다.

2017년 4월 EHT 협력팀은 처녀자리 은하단에서 가장 큰 은하인 거대 타원은하 M87의 핵을 4차례 관측하는데 메시에 87의 핵에는 매우 큰 초거대질량블랙홀이 있다. 여러 달 동안 슈퍼컴퓨터로 엄청난 양의 데이터를 처리한 후 미국의 천체물리학자 셰퍼드 돌러먼(Sheperd Doeleman)은 EHT 협력팀을 대표하여 2019년 4월 10일 이렇게 발표한다. "우리는 최초의 블랙홀 이미지를 완성했습니다."

참조항목

244쪽 슈바르츠실트 반지름 | 1916년
314쪽 국부은하군의 융합 | 3천억 년 후

EHT 협력팀이 M87 은하의 중심부를 관측해 얻은 데이터를 이용해 최초로 제작된 블랙홀의 이미지. 여기서 보이는 밝은 고리 모양은 블랙홀 주변의 강력한 중력으로 인해 휘어진 광선이며 이 블랙홀의 질량은 태양질량의 65억 배에 달한다.

PART 6

미래의 우주

•

우주가 성년이 된 지는 120억 년이 조금 못 되었다. 우주의 종말이 온다는 신호는 200억 년 후 혹은 시간이 한없이 더 흘러도 나타나지 않을지 모른다. 우주가 대파열(Big Rip)이나 대함몰(Big Crunch)의 파국으로 빠져들지 않는다면 말이다. 이 두 가지 종말 시나리오가 상상할 수 있는 수준에 그친다면 대자연이 시간을 두고 지켜보다 마침내 우주가 대동결(Big Freeze)에 빠져드는 것이 더 그럴듯한 미래라 할 수 있다. 어쨌든 우주의 경이로운 역사는 여전히 오래 지속될 것이며 많은 사건이 이어질 것이다. 그중 어떤 사건은 완전히 예측 가능해 정확한 연대까지 알 수 있을 것이고 우주 전체는 이미 잘 알려진 물리학 법칙에 지배되는 계로서 존속할 것이다.

태양의 진화 단계를 예측하는 것도 완전히 가능한 일이다. 실제로 태양의 핵에서 일어나는 반응은 연구실에서 태양을 깊이 파고드는 핵물리학자들에게 점점 그 비밀을 드러내고 있다. 태양의 미래를 예측하기 위해 천체물리학자들은 태양보다 훨씬 전에 만들어진 같은 종류의 항성들을 모두 관찰하는 방법을 쓸 수도 있다. 그중 어떤 별은 더 앞선 진화 단계에 이미 도달한 것도 있어 태양이 미래에 무엇이 될 것인지를 보여주는 좋은 예가 된다. 그러므로 제6부에서 태양의 미래 단계를 암시하는 사건들은 상대적으로 신뢰 가능한 예측이라 할 수 있다.

천체의 역학에 관련된 사건도 예측할 수 있다. 예를 들면 우주 탐사선의 시리우스 별로의 접근 혹은 우리은하와 M31 간의 예고된 충돌 등이 있다.

과거에 이미 일어났던 사건들이 날짜는 확실히 정해지지 않은 채 틀림없이 미래에도 일어날 것이다. 예를 들어 지구는 19세기 중반에 엄청난 태양면 폭발을 겪었다. 비슷한 사건이 3번째 밀레니엄(천 년)에도 일어날 가능성이 크나 그 날짜에 대해서는 참고 수준으로만 제시할 수 있다. 수많은 이론이 예측하는 아주 먼 미래의 사건도 마찬가지이다.

마지막으로 본질상 예측 불가능한 인간의 활동에 관한 사건들만 남아있다. 화성으로 가는 임무가 대표적인 예다. NASA의 고위 인사들은 아폴로 계획의 달 착륙 성공의 여세를 몰아 20세기 말이 되면 화성을 향한 우주 임무를 실행하리라 계획하고 있었다. 하지만 붉은 행성으로 우주인을 보내는 것은 늘 실제 계획에 이르지 못한다. 새로운 관측 방법을 활용해 미래에 어떤 발견을 이룰 날짜를 미리 정하는 것도 쉽지 않다. 여러 과학 기관이 이미 발견에 관한 계획을 수립했다 하더라도 예측 불가능한 변수들이 존재하기 때문이다.

최초의 민간 로켓

2020년

미국의 항공우주업체 스페이스X는 재활용 우주로켓 1세대를 운용 중이며 그중 하나는 2020년 최초 비행을 앞두고 있다.

•

1970년대 초 달로 향하는 우주 경쟁에서 막 승리한 미국은 우주를 향한 모험으로 방향을 선회한다. 미국의 우주비행 임무를 끝낸 대통령이 되고 싶지 않았던 리처드 닉슨(Richard Nixon)은 우주선 프로젝트를 허가하는데 NASA는 재활용 우주선을 이용해 우주로의 접근 비용을 현격히 낮추고자 한다. 그러나 엄청난 경비(발사 시마다 현재 가치로 15억 달러) 때문에 우주선은 로켓에 비해 경쟁력 있는 발사체가 아니라는 사실이 금세 드러난다. 1986년과 2003년에 잇달아 참사가 발생한 결과 미국의 우주선 프로젝트는 기간을 채우지 못하고 2011년 종료된다. 그리하여 NASA의 우주비행사들은 국제우주정거장(ISS)에 도달하기 위해 러시아 우주국의 소유즈(Soyuz) 우주선을 이용할 수밖에 없게 된다.

미국의 자존심이 한계에 이르자 NASA는 2006년 ISS로 향하는 사람과 화물의 운송을 민간에 맡기는 것을 목적으로 하는 상업용 운송 서비스 계획을 출범시킨다. 그리하여 2008년 12월 NASA는 스페이스X(SpaceX)와 총액 20억 달러에 달하는 계약을 체결한다. 미국 기업가 일론 머스크(Elon Musk)가 이끄는 항공우주기업 스페이스X는 다음과 같은 놀라운 최초 타이틀을 이어나간다. Falcon 1(2008년 액체추진 로켓)을 궤도에 올린 최초의 민간기업, Dragon(2010년 우주선)을 궤도에 올린 후 회수한 최초의 민간기업, Dragon(2012년 우주선)을 ISS로 보낸 최초의 민간기업, 로켓을 이용해 탑재체(2015년 Falcon 9)를 궤도에 올린 후 로켓의 1단계 추진체를 발사대 옆에 최초로 수직 착륙시킨 기업, 로켓의 Falcon 9(2017년 1단계 추진체)를 최초로 재활용한 기업의 CEO인 머스크는 자신의 가장 상징적 목표인 화성에 인간을 보내는 발사체 건설을 여전히 추진하고 있다. 초기에 스페이스X의 엔지니어들은 2단 로켓 팰컨 9(Falcon 9)에 2개의 부스터를 부착했는데 이 부스터는 각각 팰컨 로켓의 1단계 추진체로 구성된다. 2018년 초 '팰컨 헤비(Falcon Heavy)'라 명명된 이 결합체는 전기 차 테슬라(Tesla)를 태양 중심 궤도에 올려놓는 데 성공한다. 2016년 머스크는 국제천문연맹(IAU) 회의에서 다음 발사체는 높이가 118m인 재활용 가능한 로켓이라고 발표한다. 이 로켓의 1단 추진체인 슈퍼 헤비(Super Heavy)는 새로운 엔진인 랩터(Raptor)를 31개 조합한 것이며 2단 추진체인 스타쉽(Starship)은 7개의 랩터 엔진을 합친 것이다. 2021년 9월 마침내 세계 최초로 민간인 우주관광객 4명을 태우고 3일 동안의 우주여행을 마친 뒤 무사히 지구에 귀환했다.

참조항목

272쪽 달로의 귀환 | 2029년
283쪽 화성 위를 걷다 | 2051년

2017년 9월 9일 플로리다주 케이프 커내버럴(Cape Canaveral) 기지에 착륙한 스페이스X사의 팰컨 9 로켓 1단의 모습. 이 로켓은 미 공군의 무인 미니 우주선 X-37B를 막 저궤도에 올려놓고 귀환했다.

달로의 귀환

2029년

미국은 반세기 훨씬 전에 떠났던 달로 돌아가려고 한다. 이는 자유의 땅을 중국의 우주적 야심에 넘겨주지 않으려는 것이다.

•

1972년 12월 15일 아폴로 17호 임무를 맡은 우주비행사 3인은 사령선 아메리카(America)호에 탑승한다. 당시 비행통제관은 이들에게 미국 대통령 리처드 닉슨(Richard Milhous Nixon)의 메시지를 읽어주는데 이 글에서 닉슨 대통령은 인류가 아마도 20세기 중에는 달에 돌아오지 않을 것임을 함축적으로 표명한다. 사실 아폴로 계획은 전 세계인에게 미국이 소련보다 우월하다는 것을 보여주겠다는 목표를 이미 훌륭히 성취했다. 게다가 소련의 참패로 미국 우주 계획의 중요한 동력이었던 우주 경쟁도 끝이 나버렸다.

2010년 말 아폴로 17호는 여전히 인간이 달 표면을 밟았던 마지막 임무로 남아있다. 그런데 이번에 미국이 발견한 새로운 경쟁자는 중국이다. 군사적이기보다는 (당장은) 상업적인 인물로 이 새로운 경쟁의 주체인 미국의 환상적 대통령 도널드 트럼프(Donald Trump)는 달을 새로운 우위를 점할 관건으로 만들기 시작한다. 중국도 사실상 아주 야심적인 달 탐사 계획을 실현하고 있다.

중국은 2007년 달 탐사 계획 창어(Chang'e, 중국 신화의 달의 여신)를 출범시키는데 이들은 탐사선 창어 1호를 궤도에 올려 1년 반 동안 달 표면의 3차원 지도를 제작한다. 2013년 창어 3호는 달의 비의 바다 북쪽에 탐사로봇 위투(Yutu, 옥토끼)를 올려놓는다. 이것은 1976년 소련의 탐사선 루나 24(Luna 24) 이후 달에 연착륙한 최초의 우주선이다. 지구-달 체계의 라그랑주(Lagrange)점 L2에 중계 위성 췌차오(Queqiao)를 올린 지 몇 달 후 탐사선 창어 4호는 2019년 1월 탐사로봇 위투 2호를 달 뒷면의 폰 카르만(Von Kármán) 분화구에 착륙시킨다. 표본을 회수할 창어 5호는 2020년 12월 17일 달 샘플을 채취해 지구로 안전하게 귀환했다.

자유의 땅을 중국에 맡기지 않으려는 트럼프 대통령은 다음과 같은 2017년 선언의 방침에 따라 달로 돌아가려는 계획을 세운다. "이번에 우리는 우리의 국기를 세우거나 발자국을 남기는 데 만족하지 않을 것이며 장차 있을 화성을 향한 임무의 기반과 어느 날 또 다른 새로운 세계로 향하기 위한 기반을 세울 것입니다." 2029년 민간기업의 가용자원 증가에 힘입어 영구 기지를 설립한다면 NASA가 달에 귀환했다는 증거가 될 것이다.

참조항목

252쪽 달 위를 걷다 | 1969년
269쪽 최초의 민간 로켓 | 2020년

2019년 1월 3일 10시 30분, 중국의 달 탐사선 창어 4호가 지구에서 보이지 않는 달의 뒷면에 착륙했다. 이것은 최초의 달 뒷면 탐사이며 우주를 향한 중국의 야심을 보여준다.

또 다른 위성의 궤도를 향하여

2032년

유럽의 주스 탐사선은 목성의 가장 큰 위성인 가니메데 주변 궤도로 진입한 후 소금물로 이뤄진 이 위성의 큰 대양을 탐험한다. 이 짠 바다에는 어쩌면 외계 생명체가 살고 있을지 모른다.

•

유럽우주국(ESA)의 우주 계획은 특히 예산상의 이유로 NASA의 계획보다 활기를 띠지 못하고 있다. 미국은 유럽우주국 예산의 4배 이상을 NASA에 할당한다. 그런데 유럽 국가 중에서도 프랑스는 추가로 독자적 우주 계획을 지원하고 있다. 유럽의 우주적 미래가 덜 혼란스러운 이유는 예산상의 변동이나 정책의 비일관성의 영향을 덜 받기 때문이다. 인류를 꿈꾸게 했던 NASA의 프로젝트 중 얼마나 많은 수가 지원 부족으로 폐기되었던가?

그 대표적 예가 목성 유로파 궤도탐사선(JEO, Jupiter Europa Orbiter)이다. 목성의 위성 특히 유로파(Europa)를 탐사하는 이 계획에 대해 유럽 측은 2020년 발사를 예측했으나 2011년 NASA는 발사 날짜를 무기한 연기한다. 비슷한 계획을 가지고 있던 유럽우주국으로서는 좋은 기회가 온 것이지만 이들의 계획은 큰 야망을 실현하기에는 부족했다. '목성 얼음위성 탐사선(Jupiter Icy Moons Explorer)'이라 명명된 이 주스(JUICE) 프로젝트는 아주 가혹한 복사 조건을 가진 유로파에서의 근접비행(flyby)을 제한한다. 가혹한 조건의 근접비행을 제한하지 않으면 유럽우주국이 감당하기 힘든 비용 문제가 발생하기 때문이다.

2012년 5월 승인된 주스 탐사선은 아리안(Ariane) 5호 로켓에 실려 발사되는 대형 탐사선을 활용한다. 금성, 지구, 화성의 중력 보조 덕분에 탐사선은 2029년 말 목성 궤도에 합류한다. 목성계 내부 항해는 가니메데(Ganymede)를 아주 가까이 스쳐 지나가며 시작된다. 이 근접비행의 결과 탐사선의 속도가 줄고 그럼으로써 탐사선은 목성 궤도에 안착하게 된다. 이후 탐사선은 가니메데와 칼리스토(Callisto)의 중력 보조를 이용해 경로를 바꾼다. 이런 방법으로 유럽의 탐사선은 목성의 극지방 위를 통과하며 유로파 2회, 가니메데 15회, 칼리스토 12회의 근접비행을 실시한다.

2032년 8월 탐사선은 마침내 가니메데 궤도에 진입하여 지구의 위성이 아닌 다른 행성의 위성 궤도에 안착한 최초의 우주선이 된다. 태양계 전체에서 가장 큰 위성에 조금씩 접근하는 이 탐사선은 2033년 9월 임무를 완료하고 가니메데를 덮고 있는 두꺼운 얼음 조각에 충돌해 분해될 것이다.

주스 탐사선의 임무는 목성계에 도달한 후 주요 목표인 유로파와 특히 가니메데를 탐사하는 것인데 이 두 위성은 두꺼운 얼음층 아래 액체 상태의 물이 있는 바다를 가진 것으로 추정된다. 이 상황은 매우 유명한 보스토크(Vostok)호수를 상기시킨다. 이 호수는 지구의 남극 대륙을 덮고 있는 얼음층 아래 4 km 깊이에 자리한 거대 면적의 호수로 액체 상태 물이 갇혀있는 것으로 확인되었다.

2032년 중반부터 주스 탐사선은 가장 좋은 곳에 자리 잡고 가니메데 얼음층 아래 묻혀있는 짠 바다에 관한 심층적인 연구를 진행한다. 우주생물학자에 따르면 지구의 대양 모두를 합친 것보다 많은 물을 보유한 가니메데의 바다는 생명체가 출현하기 유리한 장소이며 이 대양이 암석질의 맨틀과 만나는 곳이다.

참조항목

226쪽 갈릴레이가 그의 첫 번째 망원경을 제작하다 | 1609년

우주에서의 중력파 검출

2035년

거대 레이저 간섭계 리사는 태양 둘레에서 3대의 우주선이 삼각 편대를 이루는 형태이며 저주파의 중력파를 검출하기 위해 운영된다.

•

알베르트 아인슈타인(Albert Einstein)의 일반상대성원리의 사생아인 블랙홀은 너무나 고밀도와 고압의 천체여서 자신의 존재 증거를 포함한 모든 것을 그 안에 가둬놓고 있다. 2016년이 되자 이 존재의 역설적 특징은 더 이상 적용되지 않는데 먼 우주에서 블랙홀 2개가 융합될 때 발생한 중력파가 검출되었기 때문이다. 이 발표가 있기 전 천체물리학자들은 블랙홀의 실체를 증명할 때 이것이 주변에 일으키는 효과를 근거로 내세웠다. 이 효과란 물질적 표면이 전혀 없는 초고밀도의 무거운 별, 다른 말로 블랙홀이란 것의 존재를 상기시키지 않고서는 설명할 수 없었던 효과이다.

중력파 검출로 인해 두 블랙홀이 융합될 때의 시공간 역학 연구가 가능해지면서 사실상 중력파 발견이 블랙홀의 존재를 증명하는 직접적 증거가 되었다. 중력파 다발이 통과하면 이미 운영 중인 중력파 검출기의 수 킬로미터 길이를 가진 수직팔 2개의 길이가 1 am(아토미터, attometer, 10^{-18} m)정도 변한다. 팔을 따라 무수히 왕복하는 두 레이저 다발의 경로 시간을 간섭측정법을 통해 비교하여 아주 미세한 파장의 차이를 측정할 수 있다. 지진 소음의 방해 때문에 지구에 설치된 검출장

치의 팔은 은하 중심에 숨겨진 초거대질량블랙홀의 융합으로 인한 파장 같은 저주파수(10 Hz 이하) 파장을 검출할 수 있을 만큼 충분히 길게 건설되지 못한다.

레이저 간섭계를 우주에 설치하면 이런 한계점을 극복할 수 있다. 이것이 리사(LISA, Laser Interferometer Space Antenna, 레이저 간섭계 우주 안테나)의 목표이다. 이 임무는 유럽우주국이 1990년대부터 연구해온 것이다. 처음부터 계획되어 있었던 NASA와의 협력은 우여곡절을 거쳐 무산되는 듯했으나 결국 2016년 역사적인 중력파 검출이 이뤄지자 NASA는 리사에 다시 합류한다. NASA의 합류는 리사 패스파인더(LISA Pathfinder, '선구자'라는 뜻임)의 성공과도 관련이 있는데 이 탐사선에 리사의 핵심 장치를 실험하는 기술 시연기가 탑재되어 있었기 때문이다. 2017년 NASA의 지원을 등에 업은 유럽우주국은 우주선 3대가 지구에서 5천만 km 떨어진 곳에서 태양중심궤도를 도는 개념의 장치를 구상한다. 레이저를 통해 연결되는 탐사선들은 팔 3개짜리 간섭계를 이루는데 팔 하나의 길이는 250만 km이다. 리사의 탐사선 3대는 2034년 아리안 5호 로켓을 통해 발사되고 이후 긴 조정 단계를 거쳐 2035년 주파수가 낮은 중력파를 최초로 검출해낼 것이다.

참조항목

244쪽 슈바르츠실트 반지름 | 1916년
259쪽 최초의 중력파 발견 | 2016년

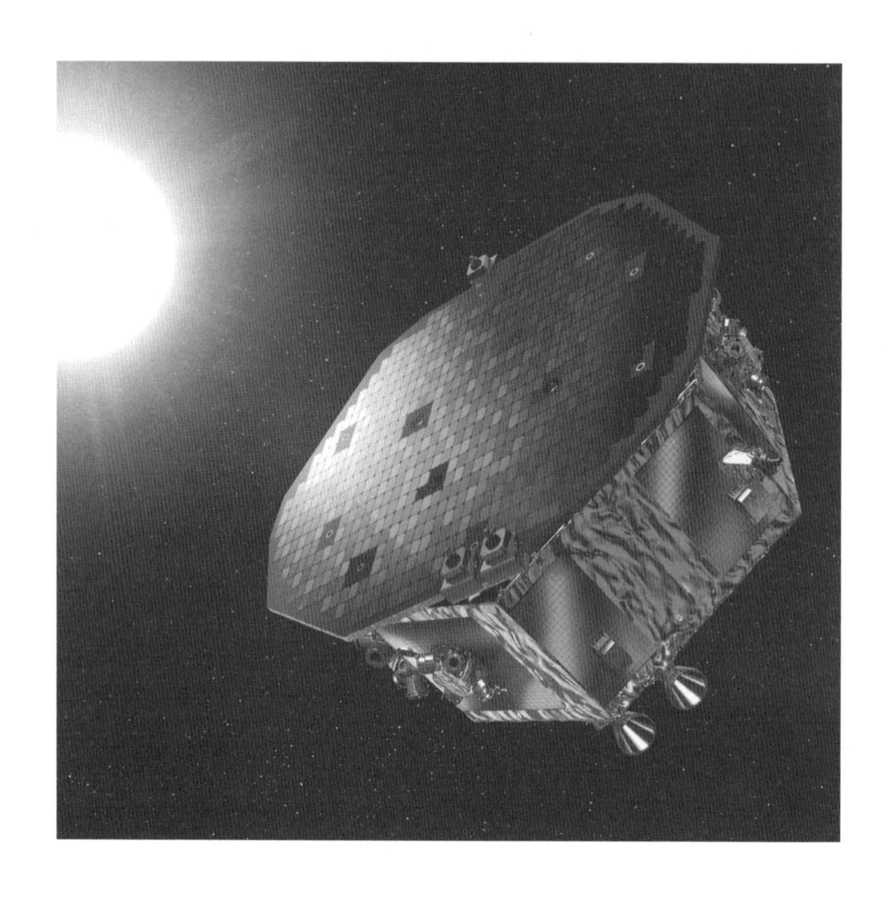

유럽 탐사선 리사 패스파인더의 상상도. 이 탐사선은 2015년 12월 쿠루(Kourou) 기지에서 베가(Vega) 로켓에 실려 지구-태양 체계의 평형점 L1을 향해 발사되었다. 리사 패스파인더는 2016년 리사 탐사선 3대의 핵심 장치를 비행 중 시험하는 데 성공한다. 이 탐사선에는 금과 백금으로 된 2개의 작은 큐브가 있어 탐사선 내부에서 '자유낙하'한다. 그 덕분에 탐사선의 경로는 극도로 정확히(몇 나노미터 수준으로) 통제되며 그 결과 큐브들은 탐사선 내벽으로부터 같은 지점에 있게 된다.

외계 생명체의 발견

2042년

천문학자들은 새로운 적외선 영역 우주 관측법을 사용해 지구와 유사한 외계행성 케플러 186f에 생명체가 존재한다는 지표를 찾아낸다.

•

2014년 4월. 미국의 여성 과학자 엘리사 퀸타나(Elisa Quintana)와 동료들은 케플러 186f(Kepler 186f)를 발견했다고 발표한다. 명칭에 f가 붙는 이유는 케플러 우주망원경을 통해 관측된 케플러 186f가 항성 케플러 186 주위를 도는 외계행성 중 다섯 번째로 발견되었기 때문이다. 케플러 186은 분광형 M1V에 속하는 적색왜성으로 태양으로부터 500광년 정도 떨어져 있고 백조자리 방향에 있다. 2018년 임무를 완료한 케플러 망원경을 통해 발견된 수천 개의 외계행성과 마찬가지로 케플러 186f도 모항성 앞을 횡단할 때 발견된다. 이 횡단법 덕분에 케플러 186f의 공전주기(129.9일) 그리고 이 행성의 반지름과 모항성의 반지름 간 비율을 측정할 수 있다. 분광형을 통해 추정된 모항성의 반지름은 태양 반지름의 절반이다. 따라서 케플러 186f는 지구와 비슷한 크기라 할 수 있다.

이 행성 궤도의 평균 반지름(0.38 AU)을 고려하면 케플러 186f는 지구가 태양으로부터 받는 에너지의 3분의 1을 모항성으로부터 받는다. 이 행성은 모항성계의 서식 가능 영역에 있으며 표면 기온이 꽤 높아서 물이 액체 상태로 존재할 수 있다. 외계 생명체를 연구하는 과학자들은 어떤 행성에 액체 상태의 물이 존재하는 것이 생명의 전제조건이라고 한다. 발견되고 수십 년이 흐른 후 케플러 186f는 모항성의 서식 가능 영역에 있는 지구와 비슷한 외계행성의 잠재적 대기를 연구할 수 있는 훌륭한 표본이 될 것이다. 그런데 이 연구는 쉽지 않을 것이다. 왜냐하면 케플러 186f가 내는 너무나 희미한 빛이 모항성이 방출하는 엄청난 빛에 파묻혀버리기 때문이다. 해결책은 적외선 영역에서 관측하는 것인데 적외선 영역에서 항성은 훨씬 덜 빛나고 행성은 빛을 조금 더 발한다.

2042년 4월. 천문학자들은 마침내 그들의 야망을 채워줄 적외선 영역 관측법을 우주에서 이용한다. 모항성의 서식 가능 영역에 있는 지구 타입의 희귀한 외계행성들은 최첨단 적외선 분광기를 이용해 연구된다. 이렇게 케플러 186f를 조사함으로써 마침내 외계 생명체의 지표를 최초로 발견하게 된다. 관측자들은 실제로 이 외계행성의 대기에서 이산소(dioxygen, 산소분자)뿐 아니라 수증기의 흔적도 많이 찾아내는데 이 2가지는 생명체가 존재한다는 강한 표시이다. 기원전 35억 년쯤 지구의 대양에서 그러했듯 이곳의 이산소도 세균의 광합성을 통해 생성된 것이 아닐까?

참조항목

112쪽 지구에 생명체 출현 | 35억 년 전
114쪽 산소 대폭발 | 24억 년 전
255쪽 외계행성의 발견 | 1995년

화성 위를 걷다

2051년

우주인이 마침내 화성에 착륙한다. 이것은 기술적으로나 인간적으로 큰 도전이며 달 탐사대가 겪은 문제와는 전혀 다른 문제점을 일으킨다.

•

2051년 1월. 미국인 2명, 중국인 1명, 유럽인 1명으로 구성된 4명의 우주인이 화성에 도착한다. 이들은 9개월 전 케네디 우주센터에서 이륙해 미국의 행성 간 우주선 아레스(Ares, 로마 신화의 마르스(Mars)와 비슷한 그리스 신화의 군신)와 만나는데 아레스는 NASA가 미리 지구 저궤도에 올려놓은 상태이다. 강력한 수소-산소 엔진의 추진력으로 아레스는 화성을 향한 천이궤도(transfer orbit)에 진입한다. 그로부터 100일 후 지구-화성 간 거리는 5천 6백만 km로 줄어드는데 이것은 21세기 이래 가장 짧은 거리이다. 258일간의 항해 후 아레스는 중국이 이미 화성궤도에 올려놓은 하강선 훠싱(Huoxing)호와 만난다. 중국 천문학계가 이름 붙인 행성의 이름 훠싱은 '불의 별'이라는 뜻이다. 우주인을 이송한 훠싱호는 이후 아레스에서 분리되어 유럽우주국이 화성에서의 500일 체류를 위해 투하한 비품이 있는 곳에 착륙한다.

수십 년간의 준비 덕택에 유인 화성탐사의 모든 문제가 해결되었다. 가장 두드러진 문제는 복귀를 염두에 두지 않고 2년 이상 항해할 때 필요한 물자보급에 관한 것이었다. 또 하나의 문제는 태양이나 은하에서 오는 우주선(cosmic ray)의 해로운 효과인데 이것은 방사능에 장

기간 노출되는 것과 같다. 또 여러 달 동안 갇혀 지낼 때 올 수 있는 심각한 결과도 고려해야 한다. 2010년대부터 여러 우주 국가는 장기간 고립 생활을 할 때의 육체적 정신적 결과를 평가하는 데 고심해왔다.

80년 전 달을 밟은 닐 암스트롱(Neil Armstrong)처럼 화성 위에 발을 올린 21세기 중반의 우주비행사들은 SF영화에 등장하는 많은 스승의 꿈을 실현한다. 화성은 19세기 말부터 화제가 되는데 당시 이탈리아의 천문학자 조반니 스키아파렐리(Giovanni Schiaparelli)는 화성에서 운하처럼 보이는 것을 발견했다고 말한다. 그리하여 어쩌면 주민이 살고 있을 것이라는 허무맹랑한 가설이 유행하는데 심지어 '화성인'이 외계인과 동의어가 되는 지경에까지 이른다. 화성으로 발사된 우주탐사선을 통해 얻은 데이터는 그 같은 생각을 산산조각 내지만 붉은 행성의 매력은 여전히 계속된다. 최초의 유인 화성탐사는 영원한 식민지화의 출발점일 수 있다. 이것은 스페이스X의 창립자 일론 머스크(Elon Musk)의 목표 중 하나이다. 머스크는 우주선의 발사 비용을 현저히 낮추는 데 성공한 미국의 기업가다.

참조항목

142쪽 우주선의 가속 | 2천만 년 전
252쪽 달 위를 걷다 | 1969년
269쪽 최초의 민간 로켓 | 2020년

엘리베이터를 타고 우주로

2195년

치올콥스키가 아이디어를 낸 지 200년 후 고도 3만 6,000 km 너머로 펼쳐진 케이블 덕분에 곤돌라(nacelle) 우주선이 지구정지궤도에 진입할 수 있다.

•

22세기 말 3만 6,000 km 고도의 지구정지궤도로 접근하는 우주 엘리베이터 건설이 마침내 실현된다. 이 개념을 최초로 제시한 사람은 19세기 말 콘스탄틴 치올콥스키(Constantin Tsiolkovski)이다. "지구는 이성의 요람이지만 영원히 요람에서 살 수는 없다." 치올콥스키의 유명한 이 인용문은 귀가 잘 안 들려 독학할 수밖에 없었던 이 러시아 과학자의 우주탐사에 대한 열정을 잘 보여준다. 끈기 있는 우주 비행학 이론가가 된 그는 통찰력이 엿보이는 개념들, 예를 들면 액체 연료 추진 로켓, 다단 로켓, 우주정거장, 그리고 우주 엘리베이터 등의 주제를 주저 없이 다룬다. 에펠탑에서 영감을 얻은 우주 엘리베이터는 치올콥스키가 구상한 높이 3만 6,000 km의 구조물로 탑재체를 궤도로 올릴 수 있다. 20세기 SF영화에 이 개념이 차용된다. 아서 C. 클라크(Arthur C. Clarke)와 킴 스탠리 로빈슨(Kim Stanley Robinson)은 소설에서 고전적 로켓을 대신할 다른 형태의 엘리베이터를 묘사한다.

2000년 미국의 물리학자 브래들리 에드워즈(Bradley Edwards)는 NASA의 지원을 받아 우주 엘리베이터의 실현 가능성에 관해 연구한다. 그는 탄소섬유로 만든 10만 km 길이의 케이블을 이용해 적도 부근

태평양에 떠 있는 계류 장치와 우주 사이를 연결할 것을 제안한다. 그가 말한 원리에 따르면 꽤 간단한 장치이다. 케이블의 각 부분은 중력(줄을 아래로 당김)과 원심력(줄을 위로 당김)의 영향을 받는다. 두 힘은 지구 정지궤도 높이인 3만 6,000 km에서 평형을 이룬다. 이 한계점 이하는 중력이 지배하므로 위를 향하는 장력이 유지되도록 케이블 상부의 길이를 맞추어야 한다. 이렇게 하면 케이블은 홀로 서 있으되 아주 곧고 팽팽해진다. 우주 잔해, 운석, 격렬한 돌풍, 움직이는 줄이 대기를 통과함으로써 발생하는 전류, 그리고 우주선(cosmic ray) 등의 문제는 여러 장치를 통해 미리 대비할 수 있다.

이 엘리베이터는 2195년 서비스 개시를 앞두고 있으며 이것을 통한 우주로의 적재물 운송 비용은 고전적 로켓을 이용할 때의 1 %이다. 이것을 이용하면 우주개발의 가능성도 확대될 것이다. 예를 들면 태양에너지 모으기, 무중력을 요하는 부속품의 대량 생산, 소행성 광물의 이용, 우주 함대를 화성으로 보내 화성에 진정한 식민지 건설하기, 신세대 물질-반물질 추진 탐사선을 우주에서 안전히 조립하기, 그 결과 전 태양계와 그 너머에까지 우주탐사 확장하기 등 가능성은 무궁무진하다.

참조항목

142쪽 우주선의 가속 | 2천만 년 전
293쪽 인류가 우리은하 전체를 식민지화하다 | 1천만 년 후

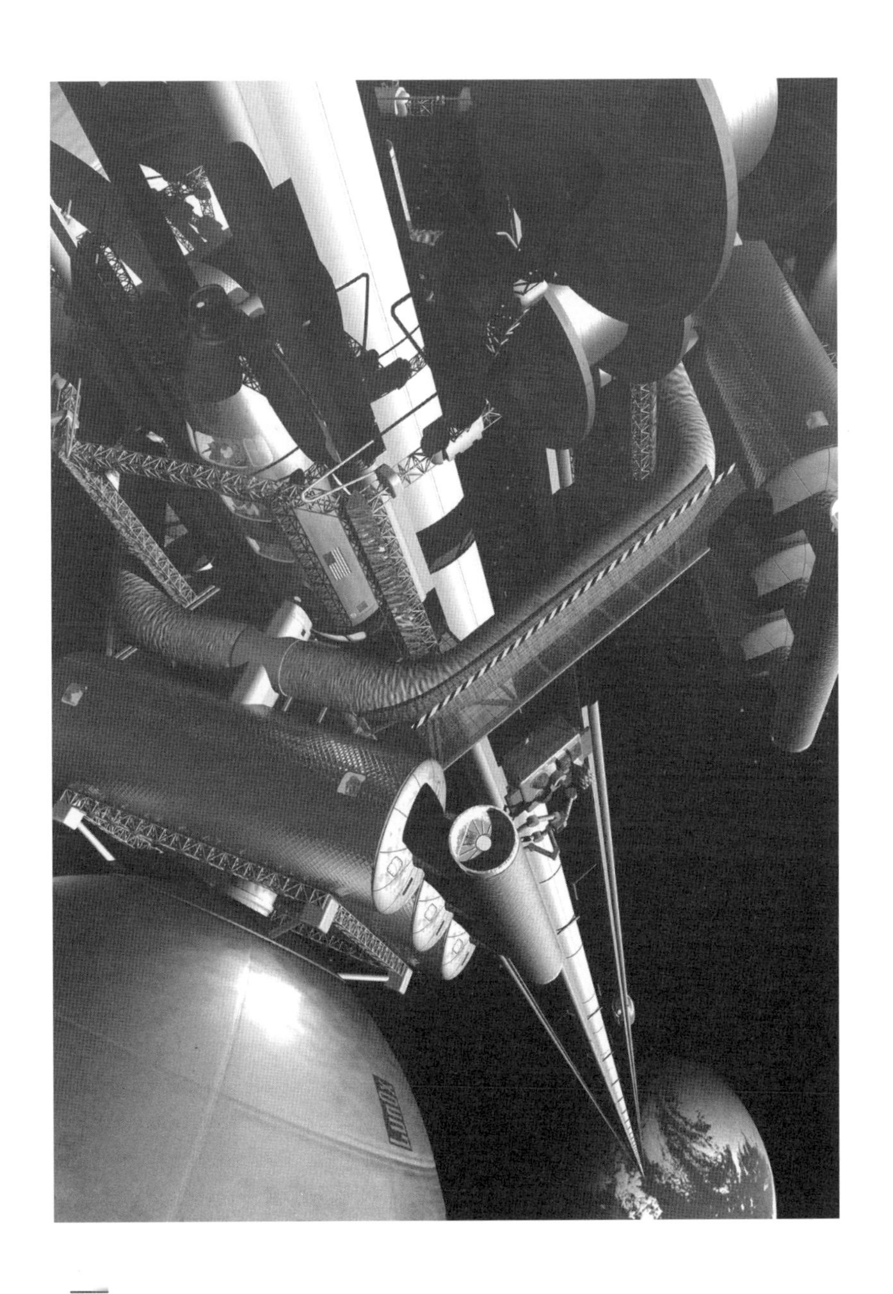

우주 엘리베이터 개념도. 이 엘리베이터에는 조종실이 있어 케이블을 따라 지구와 지구정지궤도를 오가며 승객과 화물을 운송한다.

새천년 중 가장 심각한 장애 발생
2500년

19세기에 있었던 것 같은 절정의 태양플레어가 취약한 전기 시스템에 지나치게 의존해온 사회에 심각한 타격을 입힌다.

•

1859년 8월 말 지구에서는 비범한 사건들이 연이어 일어난다. 앤틸리스(Antilles) 제도에까지 이르는 북쪽 하늘에서 오로라가 보였고 자기장 측정 기구가 고장 났으며 전선에 흐르는 전류가 엄청나게 과부하 되어 전신 시스템은 최초로 마비되었다. 이틀 후 북쪽 하늘의 오로라는 다시 열대 지방에 나타났는데 중미지역에서는 한밤중에도 신문을 읽을 수 있었다고 한다. 이 두 번째 여파가 있기 직전 영국의 천문학자 리처드 캐링턴(Richard Carrington)은 육안에 보일 정도로 커진 태양의 흑점 몇 개를 관찰한다. 그는 흑점 중 하나에서 5분 이상 지속되는 아주 밝은 빛을 감지한다. 그리하여 캐링턴은 태양 표면에서 관측된 것(solar flare, 태양플레어)이 지구에서 일어난 이 이례적인 모든 현상의 원인이라 주장한다.

이러한 폭발은 태양의 코로나 영역에서 발생하는데 그곳의 자기력선은 발이 태양 표면에 박혀있는 고리 모양이다. 이 고리는 엄청난 양의 전자, 양성자와 다른 원자핵을 가두고 있다. 폭발을 일으키려면 불안정성이 있으면 된다. 고무줄을 당겼다 갑자기 놓을 때처럼 고리는 엄청난 속도로 자신이 가두고 있는 입자들을 모두 분출한다. 폭발이 격렬할수록 이온화된 분출 입자들이 지구 대기에 도달할 때 더 재앙적인 결과가 발생한다.

2500년 절정의 태양면 폭발은 전하를 띤 입자들의 거대한 분출과 함께 시작되는데 이때 주로 X-선과 감마선으로 구성된 강렬한 빛을 방출한다. X-선과 감마선은 8분 후 지구에 도달하여 최초의 장애를 일으킨다. 그 뒤로 가장 빠른 이온화된 입자들이 도달한다. 행성 간 자기장을 따라 회전하는 이 입자들은 거대한 플라스마 구름의 선발대에 불과하며 이 구름은 폭발이 있은 지 20여 시간 후 지구에 도달한다.

강한 자기력을 띤 이 구름은 자기에너지를 가까운 지구 환경에 방출해 매우 심각한 장애를 일으킨다. 48시간 후 구름은 이미 멀어지고 지구 환경은 평상 상태로 돌아가지만 온갖 인공지능에 의존해온 세상에는 엄청난 피해가 남는다. 위성이 쓸모없어지거나 통제 불능 상태가 되며 컴퓨터도 못쓰게 되고 대용량 메모리는 지워지며 내비게이션 시스템은 사용 불능 상태가 된다. 전파 연결이 무너지고 전신망이 모두 붕괴하며 이온화된 입자들이 우주비행사뿐 아니라 항공기 승객까지 위험에 빠뜨린다. 문명은 산업화 시대 직전인 18세기로 돌아갈 수도 있다.

참조항목

142쪽 우주선의 가속 | 2천만 년 전

보이저 2호 시리우스자리 근처에 도착

30만 년

우주탐사선 보이저 2호는 시리우스 자리 근처에 위치한다. 이 탐사선에는 잠재적 외계 생명체에게 보내는 비디오가 있으며 그 내용은 프랑스 시인 프레베르(Prévert)의 시 '목록'에 등장하는 잡다한 것들의 목록과 유사하다.

•

1970년대 천문학자인 미국의 칼 세이건(Carl Sagan)은 세티(SETI, Search for Extra-Terrestrial Intelligence, 외계 지적생명체 탐사 계획) 프로그램을 지지한 석학 중 한 명이다. 미국의 전파천문학자 프랭크 드레이크(Frank Drake)의 주도로 1960년대 초 시작된 이 프로그램의 첫 번째 목표는 우리은하의 다른 진보된 문명 세계가 보낼지도 모르는 잠재적 전자기 신호를 탐지하는 것이다. 세티 계획의 틀 안에서 칼 세이건은 전파 메시지를 보낼 것을 제안하는데 이 메시지는 그가 1974년 아레시보(Arecibo) 전파망원경을 이용해 구상성단 M13을 향해 메시지를 보내는 데 참여했을 때와 같은 내용이다. 그는 또한 지능이 있는 잠재적 존재를 향해 물품을 보내도록 NASA를 설득한다.

1970년대에 NASA의 미국 과학자들은 태양계를 벗어날 예정인 우주선 몇 대에 병에 넣어 바다에 띄우는 편지 같은 것을 실어 보낸다. 1972년과 1973년에 발사된 파이오니어(Pioneer) 10호와 11호는 각각 금속판을 실었는데 판 위에는 그림 메시지가 새겨져 있다. 세이건과 드레이크가 구성한 이 메시지에는 나체로 표현된 남자와 여자 그리고 탐사선을 보낸 행성 지구에 관한 데이터를 제공하는 도식화된 그림들이 있다. 1980년대에 2기의 파이오니어 호는 태양풍의 영향권인 태양권을 벗어난다.

NASA는 1977년 발사된 보이저(Voyager) 호 2대를 이용해 다시금 순수한 낙관론을 범한다. 이 메시지가 언젠가 그 내용을 이해할 수 있는 존재의 손에 들어갈 가능성은 정말 희박하다. 이때 우주로 보낸 것은 금으로 도금된 구리 재질의 비디오와 오디오가 포함된 레코드다. 그 안에는 읽기 장치가 포함되어 있고 활용법이 커버에 새겨져 있다. 이 레코드 덕분에 보이저 탐사선의 메시지는 파이오니어 호의 메시지보다 더 완전하다. 안에 있는 160개의 이미지와 삽화들은 예를 들면 우리 별의 위치, 신체의 각 부위, 해부도, 그리고 인간, 동물, 식물, 풍경, 집의 사진들이다. 음악 분야로는 27개의 곡이 들어있는데 바흐와 모차르트의 발췌곡, 소인족의 노래, 조지아(Georgia)의 합창곡, 척 베리(Chuck Berry)가 커버한 조니 B. 굿(Jonny B. Goode) 등이 있다. 유명인사의 메시지도 있는데 미국 대통령 지미 카터(Jimmy Carter)와 UN 사무총장 쿠르트 발트하임(Kurt Waldheim)의 선언이 있다. 우리 행성 지구의 여러 소리도 들어있는데 비, 바람, 천둥, 불, 새, 발자국, 심장의 고동, 웃음소리, 아기의 재잘거림 등이 있다.

30만 년이 되면 보이저 2호는 시리우스 자리 근처에 위치하는데 시리우스 자리는 8광년 이상 떨어져 있으며 지구의 하늘에서 가장 밝은 별이다.

참조항목

60쪽 헤라클레스 성단 형성 | 117억 년 전

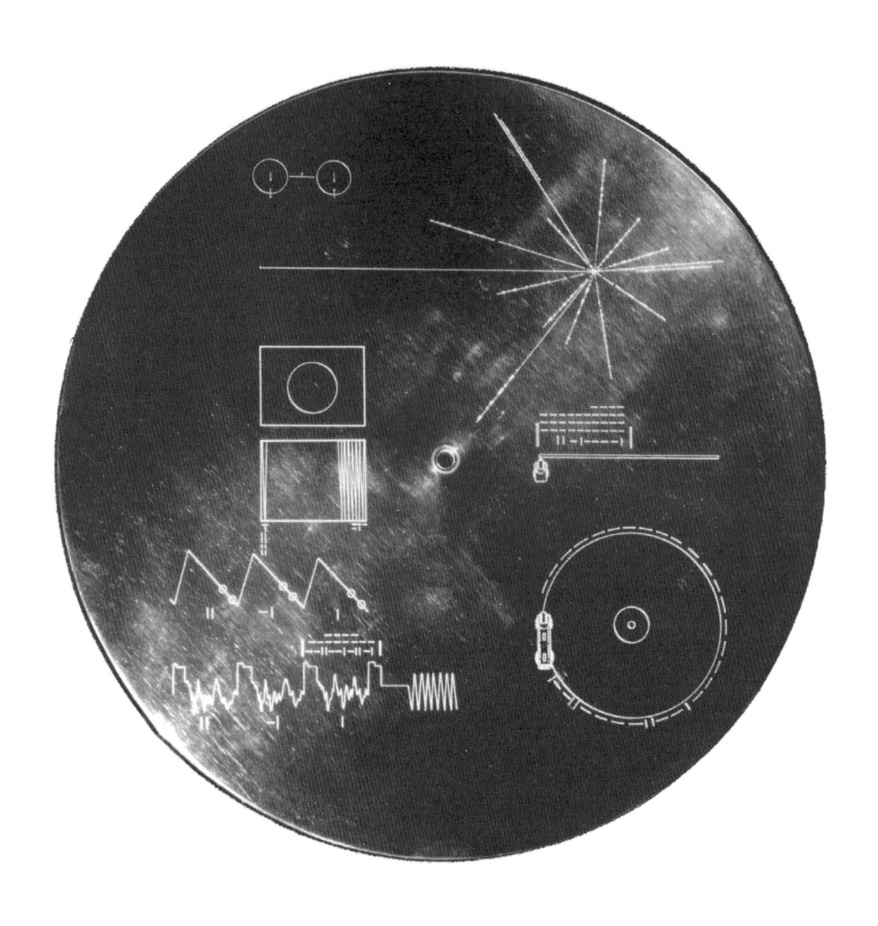

보이저 1호와 보이저 2호에 실린 레코드의 겉면. 극미유성체로부터 보호하기 위한 재질이며 그 위에는 레코드의 사용법과 파이오니어 호에 고정된 금속판에 새겨진 바 있는 그림 메시지의 일부도 새겨져 있다.

인류가 우리은하 전체를 식민지화하다

1천만 년 후

인류는 우리은하 전체를 식민지화한다. 인류는 신 같은 인간이 아닌 다른 형태의 생명체를 만날 준비가 되어있을까? 프랭크 허버트가 1973년 출간한 소설 『채찍질하는 별』에서 상상하는 신 같은 인간이 아닌 어떤 생명체를.

●

인간이 완전히 다른 어떤 존재와 소통할 수 있을까? 그들에게 인간은 하찮은 미생물일 뿐이다. 단어와 문장들이 발음을 갖지 않는 언어의 의미는 무엇일까? 전설적인 『듄(Dune)』시리즈의 저자인 미국의 SF작가 프랭크 허버트(Frank Herbert)는 소설 『채찍질하는 별(Whipping Star)』에서 거의 아무도 생각해 본 적 없는 문제를 다루는데 그것은 바로 신 같은 인간이 아닌 어떤 형태의 생명체 그리고 이런 생명체와 소통이 가능할지의 여부 같은 것이다.

『채찍질하는 별』은 서로 다른 존재 간 의사소통의 어려움에 초점을 맞추고 있는데 이 존재들은 서로 너무 달라 한쪽의 존재만으로도 다른 쪽에 문제를 일으킨다. 이들의 대화는 복잡해지고 심지어 때로 터무니없으며 가장 기본적인 문장 구조가 거의 없는 언어로 들린다. 언어는 우리가 세상을 이해하는 핵심적 매체이며 우리의 확신은 상대와 교류하려는 노력에 따라 흔들린다. 의사소통이란 우리가 세상을 느끼고 인식함에 있어 같은 견해를 가질 때에만 가능한 것이 아닐까? 만일 어떤 피조물들이 우리와 같은 육체를 가지지 않고 그들의 지각력이

에너지의 미묘한 차이로 제한된다면 어떻게 의사소통할까?

22세기 무렵 우주 엘리베이터를 가진 인류는 물질-반물질 추진 우주선을 활용한다. 마치 신대륙으로 향한 유럽인 같은 인류는 돌아올 수 없는 여행을 하는 대신 태양 가까이 있는 서식 가능한 외계행성에 식민지를 건설한다. 더 멀리 가려면 최첨단 로켓을 이용하는 등 다른 방법이 필요하다. 공상 과학에서 애용하는 해결책은 공간의 조직을 변형시켜 웜홀(worm hole)을 여는 것인데 웜홀은 1935년에 제시된 것으로 일반상대성원리와 양립할 수 있는 위상 공간이다. 블랙홀과 달리 중심부에 특이점이 없는 웜홀은 빛의 속도를 초과하지 않고 공간의 먼 두 지점 사이를 아주 짧은 시간에 여행할 수 있다.

아주 불안정한 웜홀은 눈 깜짝할 새에 다시 닫혀버린다. 이 문제를 보완하고자 미국의 이론물리학자 킵 손(Kip Thorne)은 1988년 어떤 가설적 물질의 이용을 제안한다. 이 물질의 질량은 광속에 가까운 속도로 이동하는 관찰자에게 마이너스로 나타나는데 이런 방법으로 웜홀을 안정화시킬 반중력을 도입한다. 이런 시도를 할 정도로 문명이 상당히 진보한다면 인류는 자신을 환대하는 여러 행성이 있는 우리은하 전체를 차지하게 된다. 과연 인류는 다른 형태의 생명체와 함께 지낼 수 있을까?

참조항목

69쪽 우리은하의 원반 형성 | 88억 년 전
244쪽 슈바르츠실트 반지름 | 1916년
255쪽 외계행성의 발견 | 1995년
281쪽 외계 생명체의 발견 | 2042년
285쪽 엘리베이터를 타고 우주로 | 2195년

두 중성자별의 융합

3억 년 후

쌍성계 PSR 1913의 두 중성자별은 나선 궤도를 따라가다 마침내 최후의 중력파 폭발을 일으키며 융합한다.

●

두 별 중 하나가 다른 하나를 공전하는 쌍성계에서 평범한 것이란 없다. 그것이 중성자별이라면 더욱 그렇다. 사실 이 밀집성 별이 만들어지는 과정은 너무나 격렬해서 쌍성계 안에서 이 과정이 일어나면 둘의 결합이 깨지기 쉽다. 우리은하에도 이런 종류의 쌍성계가 있다. 1974년 미국의 전파천문학자 조셉 테일러(Joseph Taylor)는 제자 러셀 헐스(Russel Hulse)와 함께 푸에르토리코에 설치된 거대 전파망원경 아레시보(Arecibo)를 이용해 펄서에 관한 체계적 탐색 프로그램을 진행한다. 그리하여 1974년 두 천체물리학자는 PSR 1913이라는 중성자별을 발견한다. 이것의 움직임을 통해 증명된 바에 따르면 펄서 현상을 보인 중성자별은 비슷한 질량이지만 빛은 전혀 내지 않는 천체에 바싹 붙어 돈다고 한다. 또 다른 중성자별이 있을 가능성이 크다는 뜻이다.

펄서가 방출하는 신호들이 매우 규칙적이라는 점을 이용하여 헐스와 테일러는 이 중성자별 쌍성계의 궤도 변수, 특히 8시간이 채 안 되는 이 별의 공전주기를 매우 정확히 계산한다. 이들은 시간이 흐름에 따라 알베르트 아인슈타인(Albert Einstein)의 일반상대성이론의 규정과 정확히 일치하는 이 주기가 미세하게 감소함을 확인한다. 실제로 일반

상대성이론에 따르면 중성자별 쌍성계는 중력파를 방출해야 한다. 그로 인한 에너지 손실이 쌍성계의 공전주기를 감소시키고 두 개의 밀집성 별을 더 가까이 접근시킨다. 헐스와 테일러는 중력파가 존재한다는 간접적 증거를 제시한 공로로 1993년 노벨 물리학상을 수상한다.

여러 세기가 지나면서 두 중성자별은 계속 접근하여 마침내 강력한 중력파 다발을 방출하며 융합한다. 이 사건으로 밀집성 별(블랙홀일까?)이 만들어지고 잔해의 고리가 이 별을 둘러싼다. 이것은 짧은 감마선 폭발이 발생하고 킬로노바(kilonova) 타입의 폭발 현상이 나타날 수 있는 이상적 상황이다. 1억 3천만 년 전 이런 종류의 사건이 NGC 4993 은하의 중성자별 둘이 융합한 후 발생한다. 그 증거가 다음과 같이 동시다발적으로 나타난다. 2017년 3개의 전용 기구를 통해 중력파가 검출되고, 감마선 우주망원경을 통해 짧은 감마선 폭발이 발견되었으며, 가시광선과 근적외선 대에서 작동하는 지상 및 우주 관측소를 통해 일시적 광원이 관측된다.

참조항목

53쪽 원시별의 재앙적 소멸 | 132억 년 전
132쪽 킬로노바의 비밀 | 1억 3천만 년 전
185쪽 우주공간을 환히 비추는 펄서 | 기원전 4500년
259쪽 최초의 중력파 발견 | 2016년

마지막 개기식

6억 년 후

기조력 때문에 달은 지구로부터 조금 더 멀어진다. 달 원반은 이제 태양 원반을 완전히 가리지 못하므로 금환일식만 일어난다.

•

달 표면에는 역반사장치가 몇 개 있다. 그중 일부는 아폴로 임무의 우주비행사가 설치했고 나머지는 소련의 달 탐사 차량인 루노호트(Lunokhod, 달 위를 걷는 자) 2대에 탑재되었다. 이것들은 모두 코너 큐브 네트워크(직각이 3개 있는 3면체 거울)이며 광선이 나온 방향으로 다시 광선을 보내기 위한 장치이다. 지구에서 이 역반사체 중 하나를 향해 레이저를 보내면 빛의 왕복 시간을 계산해 지구–달 거리를 아주 정확히 계산할 수 있다. 1970년대부터 실시된 이 측량법에 따르면 지구–달의 평균 거리는 매년 38 mm 정도 늘어나고 있다고 한다.

기조력의 효과는 또 있다. 이 단어의 어원처럼 지구 대양에 미치는 효과 이외에도 기조력은 위성이 따라 도는 천체의 회전과 위성의 회전을 동기화시키기도 한다. 지구–달 시스템의 경우 태음일(lunar day)의 길이는 이미 달이 지구를 공전하는 주기와 같다. 그런데 태양일(solar day)의 길이가 달의 공전일보다 짧으므로 지구의 자전은 더 느려진다. 이렇게 회수된 공전 에너지는 달의 잠재적 에너지로 전환되어 달은 점점 멀어진다.

이렇게 달은 지구로부터 멀어져가지만 동시에 태양일의 길이는 매년 20 μs(마이크로초) 정도 길어진다. 수억 년에 걸쳐 이 작은 차이가 축적되면 그 효과는 무시할 수 없다. 4억 년 전 데본기(Devonian, 양치류의 시대)에 1년은 400일이었고 하루는 22시간이 조금 못 되었다. 태양의 가능한 진화 과정을 고려할 때 언젠가 지구-달 시스템이 마침내 하나가 다른 하나의 주위를 돌며 같은 속도로 자전하는 두 천체로서 동기화될 가능성은 거의 없다.

지구-달 거리가 100년을 주기로 변하는 것은 식(蝕) 현상에 가장 큰 영향을 준다. 21세기에 달과 태양의 겉보기지름은 거의 같다. 비록 지구와 달의 궤도이심률 때문에 조금 변할 수는 있지만 말이다. 만일 달의 겉보기지름이 태양의 겉보기지름보다 조금이라도 크다면 개기일식을 꽤 자주 볼 수 있을 것이다. 그러나 지구-달 거리가 멀어짐에 따라 개기일식 횟수는 줄어든다. 마지막 개기일식은 6억 년 후 일어난다. 그 후에는 금환일식만 있는데 이것은 달의 겉보기지름이 태양의 겉보기지름보다 작았던 아주 먼 옛날부터 이미 있었던 것과 같다.

참조항목

207쪽 히파르코스의 업적 | 기원전 150년

지구 생명체의 종말

12억 년 후

태양 핵이 압축되면서 태양은 점차 밝아진다. 지구 전체의 온도가 상승해 생물권을 파괴하는 지경에 이르고 지구는 건조한 사막이 된다.

●

태양의 에너지 요구량을 맞추려면 태양 핵에서 일어나는 핵융합 반응 주기를 통해 매초 6억 톤의 수소를 헬륨으로 바꿔야 한다. 핵질량의 극미한 감소 이외에 이 핵반응의 주된 효과는 입자의 수를 조금씩 줄이는 것이다. 왜냐하면 헬륨의 핵 1개가 수소 핵 4개의 자리를 차지하기 때문이다. 입자의 밀도가 낮아질수록 중력은 핵을 더 억누르고 중심부의 온도는 더 올라가며 핵융합 주기의 효율은 더 증가하고 태양은 에너지를 더 많이 방출한다.

결과적으로 태양이 만들어내는 에너지가 규칙적으로 증가하고 따라서 지구가 받는 에너지도 늘어난다. 태어난 지 5억 년쯤 되는 태양은 유체 정역학 평형이라는 기나긴 과정을 시작하는데 오늘날에도 태양은 이 과정에 있다. 이 과정 초기에 지구는 오늘날보다 훨씬 적은 에너지(30 %)를 받는다. 그러나 상당히 효율적인 온실효과 덕분에 지구의 표면온도는 다소 비슷하게 유지되었다. 지구 전체의 빙하기 장면(이른바 '눈덩이 지구'라고 하는 마지막 빙하기가 나타난 것처럼)을 제외한 이 긴 안정기 덕분에 지구 생명체는 오늘날 상황으로까지 진화될 수 있었다.

태양의 활동이 증가함에 따라 태양이 방출하는 에너지의 양 또한

10억 년 동안 10 %, 35억 년 동안 40 % 증가한다. 이러한 조건 때문에 태양계의 서식 가능 영역도 지구궤도 너머로 이동한다. 어떤 행성이 '서식 가능한' 곳이 되려면 지표면의 물리적 조건들이 서로 결합되어 물이 액체 상태로 존재할 수 있어야 한다. 10억 년 후 태양의 밝기는 현재보다 10 % 정도 증가하고 지구 표면의 평균 온도는 섭씨 50도에 이른다. 대기는 습한 온실이 되어 대양의 증발이 가속화된다. 수증기가 성층권에 침투해 성층권의 물 분자가 태양의 자외선 복사를 통해 분해되면 수소는 먼 우주로 탈출할 수 있다. 이후 온실효과가 급증하는데 이것은 금성에서 일어나는 현상과 같다. 지표면 대부분이 건조한 사막이 되고 적도 지대에는 드넓은 모래 언덕이, 오래된 대양 해저에는 소금 사막이 생긴다. 이처럼 불모의 조건에서 생명체는 더 이상 유지될 수 없다. 일부 극한 생물(extremophile)이 예외가 될 수 있으나 이것도 결국 멸종될 것이다.

참조항목

87쪽 태양은 핵융합 발전소 | 45억 7천만 년 전
121쪽 눈덩이 지구 | 6억 5천만 년 전

우리은하가 안드로메다와 충돌

40억 년 후

서로를 향해 초속 120 km로 돌진하는 우리은하와 안드로메다 대성운은 충돌하여 거대 타원은하가 된다.

우리은하와 안드로메다 대성운(일명 메시에 31 또는 M31)은 국부은하군에 속한 2개의 주요 섬우주(island universe)이다. M31은 북반구에서 맨눈으로 쉽게 볼 수 있는 유일한 은하이다. 이 은하를 증명한 것은 바로 페르시아의 천문학자 압드 알라흐만 알수피(Abd al-Rahman al-Soufi)로 그가 964년에 쓴 『항성에 관한 책(Book of Fixed Stars)』 안에는 이스파한의 천문학자들이 905년 발견한 M31에 대해 알려진 최초의 설명과 삽화가 들어있다. 독일의 천문학자 시몬 마리우스(Simon Marius)는 1612년 직접 만든 굴절망원경을 이용해 안드로메다 대성운에 대해 처음으로 묘사한다. 1920년대 미국 천문학자 에드윈 허블(Edwin Hubble)은 M31에서 세페이드 변광성을 확인하고 헨리에타 리빗(Henrietta Leavitt)이 정립한 주기-광도 관계를 이용하여 이 변광성이 외부은하의 것임을 입증한다.

가까이 있음에도 M31의 거리는 오랜 기간 잘못 알려져 왔다. 최근 계산에 따르면 M31은 약 250만 광년 떨어져 있다. 천문학자들은 M31의 시선속도를 매우 정확히 계산하는데 시선속도란 속도의 시선방향 성분을 말한다. 이들의 결론에 따르면 우리은하와 M31은 초속 120

km로 서로를 향하고 있다. 약 40억 년 후 일어날 두 은하의 만남은 충돌을 제외한 모든 가능성이 열려 있다. 별들의 크기가 크고 그에 따라 별 사이의 거리도 너무 멀기 때문에 상호침투 중에 별들은 정면충돌하지 않고 한쪽이 나머지 한쪽을 가까이 스쳐 갈 뿐이다. 훨씬 광활한 성운의 상호작용 결과는 완전히 다른데 이들의 상호작용은 별들의 폭발로 끝난다. 이렇게 별 생성이 가속되면 결국 두 은하에서 사용 가능한 가스를 거의 다 소진해버린다.

두 은하의 상호침투 내내 작용하는 중력의 혼돈으로 별들의 궤도는 큰 영향을 받게 된다. 충돌 이전 각자의 원반면에서 규칙적으로 궤도 운동을 하던 별들은 이제 아주 다양한 기울기의 궤도 위에 놓인다. 우리은하와 M31의 만남은 요컨대 두 섬우주의 융합이다. 그 결과물인 거대 계에는 성간가스가 없다. 이 계에서 별은 탄생하지 않으며 무질서한 궤도를 가진 늙은 별들이 가득할 것이다. 이 모든 특성으로 볼 때 이 계는 거대 타원은하임을 알 수 있다. 천문학자들은 이미 이 은하의 이름으로 '밀코메다(Milkomeda)'를 제안했는데 이것은 은하수를 뜻하는 밀키웨이(Milky Way)와 안드로메다(Andromeda)가 합쳐진 말이다. 초장기적으로 밀코메다는 국부은하군 전체의 융합을 초래할 것이다.

참조항목

69쪽 우리은하의 원반 형성 | 88억 년 전
77쪽 국부은하군에서의 충돌 | 52억 년 전
314쪽 국부은하군의 융합 | 3천억 년 후

허블 우주망원경으로 촬영된 두 나선은하 NGC 2207과 IC 2163의 충돌 과정. 이 충돌 과정은 40억 년 후 일어날 우리은하와 M31의 충돌 과정과 유사하다.

태양은 적색거성이 된다

75억 년 후

격렬한 열핵반응은 태양 표면을 부풀어 오르게 한다. 이제 과열된 지구의 하늘을 차지한 것은 적색거성이다. 인류는 뜨거운 지구를 피해 이미 오래전 다른 세계를 찾아 떠나버렸다.

•

태어난 지 150억 년 후 태양 핵의 유체 정역학 평형이 깨진다. 정역학 평형 덕분에 태양은 지금껏 수소를 헬륨으로 바꾸는 핵융합을 이용해 주기적으로 에너지를 생산해왔다. 태양 핵에서 사용 가능한 모든 수소는 결국 헬륨으로 바뀐다. 필수 재료인 수소를 조금씩 빼앗기면 주로 헬륨으로 이뤄진 핵 안에서 핵융합반응 주기는 아주 느려진다. 이 주기로부터 발생한 복사압도 쇠약해지고 태양 핵은 수축하므로 아주 뜨거워진다.

이렇게 새로운 태양 진화의 단계에서 핵 주변부에 수소 융합 장소들이 나타난다. 활동성 껍질에 있는 이 수소융합 장소는 언제나 수소 저장층을 찾아 점점 밖으로 퍼져나간다. 핵이 수축함에 따라 중심부 온도가 상승하면 이 껍질 내부의 핵반응이 촉진된다. 그 결과 활동성을 다시 얻으면 태양 바깥층에 압력이 가해지고 이 압력은 점점 커진다. 태양은 팽창하고 빛은 더 밝아지며 반지름은 더 커지고 표면온도는 감소한다. 그리고 태양의 아름다운 하얀 빛은 적색으로 바뀐다. 태양은 이제 천체물리학자들이 잘 알고 있는 적색거성이라는 별의 진화 단계로 접어든다. 태양이 약 50억 년 후 이렇게 된다는 것이 대관절 무엇인지 알아보려면 카펠라(Capella)라는 별을 살펴보면 된다. 카펠라는 마차부자리(Auriga)에서 가장 밝은 별로 태양계로부터 40광년 이상 떨어져 있다.

태양의 적색거성 단계는 10억 년 넘게 이어진다. 우리의 별 태양은 점점 부풀어 오르고 태양의 반지름은 엄청나게 커져 0.75 AU에 달해 현재 반지름의 약 160배가 된다. 마침내 태양은 현재의 태양이 내는 에너지의 2,000배 이상 되는 많은 에너지를 방출한다. 그 결과 태양계의 서식 가능 영역은 이제 가스형 거대행성의 위성들까지 포함한다. 아주 강력한 태양풍을 내뿜는 태양은 질량 일부를 잃는다. 태양계의 각운동량이 보존되도록 행성들의 궤도 반지름이 커진다. 태양이 유례없이 지나치게 커졌음에도 불구하고 태양은 수성만 삼킨다. 거대한 붉은 태양이 지구의 하늘을 차지하고 과열된 지표면이 용암 바다로 뒤덮이는 반면 인류는 밀코메다(Milkomeda) 여러 별의 서식 가능한 행성에서 번성할 것이다. 밀코메다는 우리은하와 메시에 31 은하가 융합해 만들어진 거대 타원은하이다.

참조항목

69쪽 우리은하의 원반 형성 | 88억 년 전
87쪽 태양은 핵융합 발전소 | 46억 7천만 년 전
301쪽 우리은하가 안드로메다와 충돌 | 40억 년 후
306쪽 태양 소멸 | 78억 년 후

태양 소멸

78억 년 후

질량의 절반을 방출해버린 태양은 이제 핵 속에서 일어나는 핵융합 반응을 종료한다. 태양 핵은 오그라들면서 백색왜성이 되어 자신이 방출한 물질을 비춘다.

●

태양이 탄생한 지 120억 년 후 적색거성 단계가 한창이다. 수소의 핵반응으로 나온 재가 태양 중심부에서 헬륨 핵을 형성한다. 핵반응으로 인한 복사압이 사라지면 헬륨 핵은 수축되고 뜨거워져 온도가 1억 K에 도달한다. 헬륨 핵이 융합하여 탄소가 되려면 트리플 알파(triple-alpha) 과정을 거쳐야 한다. 이 과정을 통해 헬륨 핵 3개(알파 입자)가 융합하여 탄소 핵 1개가 만들어진다. 온도에 극도로 의존하는 이 과정은 천체학자들이 '헬륨 플래시(helium flash)'라고 부르는 갑작스러운 폭발로부터 시작된다. 이렇게 갑자기 에너지가 제공되면 태양의 중심부가 재배치된다. 헬륨 융합을 통해 다시 에너지를 얻은 태양 핵은 팽창하는 반면 태양의 껍질은 수축한다. 수소 융합기처럼 새로운 평온의 시기가 시작되나 그 기간은 1억 년으로 훨씬 짧다.

핵이 신속히 연료 부족 상태에 도달하면 헬륨 융합은 중단된다. 앞선 단계에서 일어난 것처럼 헬륨 융합은 핵 가장자리의 껍질로 이동하는데 거기서 헬륨 플래시가 연속되어 다시 한번 껍질을 부풀어 오르게 한다. 다시 적색거성이 된 태양은 엄청난 규모로 늘어난다. 첫 번째 플래시 이후 태양의 반지름은 1 AU에 이른다. 그러나 플래시가 일어날 때 태양은 질량을 잃고 그 때문에 지구궤도의 반지름은 각운동량 보존을 통해 충분히 커지므로 지구가 즉시 삼켜지지는 않는다. 하지만 이렇게 가까운 지구에 태양이 행사하는 기조력은 지구를 적색거성 쪽으로 돌진시킨다. 바깥층의 옅은 가스 때문에 제동이 걸린 지구는 나선형으로 태양 핵을 향해 내려가고 거기서 지구는 증발해 사라진다.

헬륨 플래시가 일어나며 늘어난 덕분에 태양의 껍질은 주변으로 퍼져나가 거대한 행성상 성운(planetary nebula)이 된다. 조금은 기만적인 이 명칭은 프리드릭 윌리엄 허셜(Frederick William Herschel)에게서 비롯되었다. 그는 18세기 말 이 천체의 모습이 그가 당시 막 발견했던 새로운 행성인 천왕성(Uranus)의 모습과 비슷하다고 생각해 이처럼 기이한 명칭을 제안한다. 태양은 이처럼 진화의 끝을 선언하며 질량의 절반가량을 잃고 나머지 질량으로 초고밀도 물질의 구(球)를 이루는데 이 구는 지구보다 아주 조금 크지만 질량은 무려 지구의 20만 배나 된다. 만들어질 때 온도가 16만 K에 달하는 이 백색왜성은 수십억 년 동안 빛날 것이다.

참조항목

178쪽 미래의 초신성 | 기원전 1만 4000년
304쪽 태양은 적색거성이 된다 | 75억 년 후

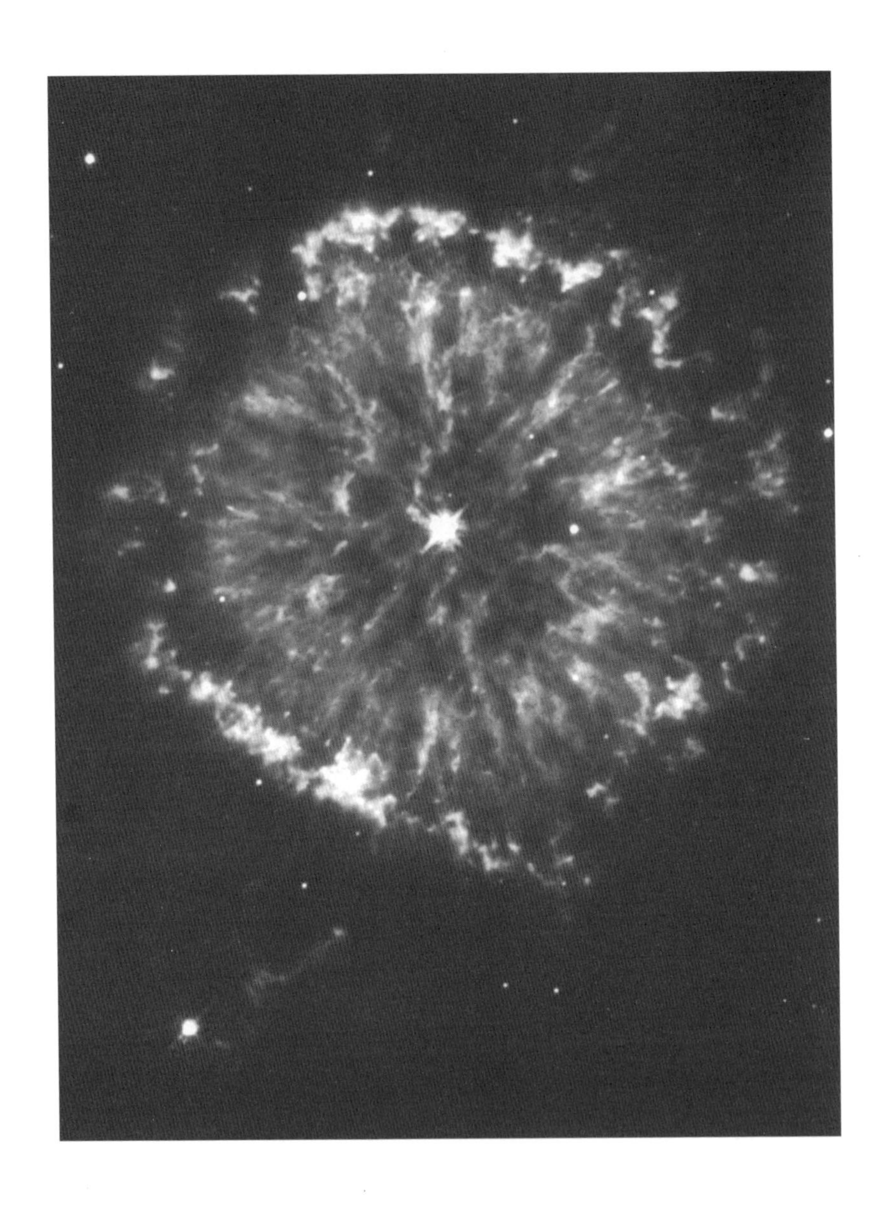

허블 우주망원경으로 촬영된 빛나는 눈 성운(Glowing Eye Nebula), 즉 NGC 6751의 모습. 독수리자리(Aquila) 방향으로 6,500광년 떨어져 있는 이 행성상 성운은 지름이 대략 5만 AU이며, 온도가 14만 K에 달하는 백색왜성을 통해 빛을 낸다.

대파열이 이뤄질까?

200억 년 후

암흑에너지의 밀도는 시간이 흐르면서 높아지고 우주의 팽창이 가속된다. 그 결과 모든 구조가 파열되고 성단은 해체되어 핵자가 된다.

●

유럽의 플랑크(Planck) 탐사선을 통해 2009년에서 2013년까지 우주배경복사를 관측한 결과 암흑에너지가 우주의 주요 구성요소임이 밝혀진다. 이 가설적 에너지는 균일하게 온 우주를 채우고 우주 팽창을 가속시킨다. 이것을 밝혀낸 학자는 미국의 펄머터(Perlmutter), 슈미트(Schmidt), 리스(Riess)이며 그 공로로 이들은 2011년 노벨 물리학상을 수상한다. 그러므로 우주의 운명은 무엇보다도 우주의 주요 구성성분인 암흑에너지에 달려 있다. 그런데 이 수수께끼 같은 존재에 대해 알려진 것이 전혀 혹은 거의 없다. 다만 이것이 우주의 팽창을 가속하기에 적합한 유일한 성분이며 이것이 내포한 온갖 물질의 중력 효과로 인해 우주 팽창의 감속이 불가피하다는 점이 알려져 있을 뿐이다.

많은 천체물리학자에 따르면 우주의 팽창 때문에 시간이 갈수록 밀도가 감소하는 물질과 달리 암흑에너지의 밀도는 일정하다. 서로 다른 거리에 있는 성단을 관측한 결과 암흑에너지는 온 우주를 채우고 있으며 그 밀도는 거리에 따라서도, 시간이 흘러도 변하지 않는 것으로 보인다. 그러므로 암흑에너지는 우주상수를 상기시킨다. 우주상수는 알베르트 아인슈타인(Albert Einstein)이 1917년 일반상대성이론 방정식에 추가한 것으로 이 방정식을 자신의 정적 우주론에 맞추고자 도입한 것이다. 우주상수 효과는 일반상대성이론의 틀 안에서 중력을 상쇄하고 우주의 안정성을 보장할 수 있는 음의 에너지 바다로 우주를 채우는 것이었다. 그런데 1930년대 무렵 우주의 팽창이 발견되었기에 아인슈타인은 우주상수를 도입한 것이 '인생에서 가장 큰 바보짓'이라 말했다.

미국의 이론물리학자 로버트 콜드웰(Robert Caldwell)과 동료들이 2003년 발표한 논문에 따르면 우주는 일종의 암흑에너지로 가득 차 있는데 그들은 이것을 '유령' 에너지라 칭하고 이것의 밀도는 팽창하며 증가한다고 한다. 이렇게 시간이 갈수록 강화되는 유령 에너지는 한정된 시간 안에 무한한 밀도에 도달한다. 우주 구조들의 결합을 보장할 수 있는 다른 모든 과정을 뛰어넘는 유령 에너지가 모든 것을 증명해줄지도 모른다. 그리하여 200억 년 후 우주는 대파열(Big Rip) 단계에 도달할 수도 있다. 대파열이 있기 수억 년 전 우선 초은하단이 해체되고 이후 은하들도 해체될 것이다. 대파열 몇 년 전에는 행성계가 해체되고 몇 분 전에는 별들의 차례가 올 것이다. 마지막으로 찰나의 순간 전에는 원자까지도 파열될 것이다.

참조항목

80쪽 우주 팽창이 가속되다 | 48억 년 전

대함몰이 이뤄질까?

1천억 년 후

암흑에너지가 시간이 흐른 후 결국 약해져 인력을 갖게 되는 것도 상상할 수 있다. 그러면 암흑에너지는 중력과 함께 우주가 스스로 붕괴하는 것을 재촉할 것이다.

•

중력의 끌어당기는 효과와 암흑에너지의 밀어내는 효과 사이에서 줄다리기하는 우주의 미래는 당연히 암흑에너지가 시간이 흐르며 변하는 방식에 달려 있다. 암흑에너지가 우주의 주요 구성요소이며 우주 팽창을 가속시키는 핵심 역할을 한다는 점을 제외하면 물리학자들은 이 수수께끼 같은 존재에 관해 아는 것이 별로 없다. 알베르트 아인슈타인(Albert Einstein)이 일반상대성이론 방정식에 도입했던 그 유명한 우주상수를 이용해 암흑에너지를 확인한 학자들이 많다. 그런데 다른 학자들은 암흑에너지를 시공간 속에서 변화하는 동태적 수량으로 본다. 이 학자들은 고대 그리스 철학자들이 중시했던 제5원소를 기려 암흑에너지를 '제5원소(quintessence)'라 부른다. 마지막으로 미국의 우주론자 로버트 콜드웰(Robert Caldwell)은 암흑에너지를 유령 에너지라 부르는데 유령 에너지는 우주를 모든 구조가 해체되는 대파열(Big Rip) 속으로 몰고 갈 수도 있다고 한다.

그러므로 암흑에너지가 시간이 흐르면서 약화되어 심지어 인력으로 바뀌는 것도 가능하다. 인력이 된 암흑에너지는 중력과 결합하는데 이것은 1천억 년 후 확인할 수 있으며 그 경우 우주는 대함몰(Big Crunch)

로 끝이 난다. 그리하여 우주 팽창이 중단되고 수축기가 올 것이라 믿었던 그 지점으로 결국 되돌아온다. 이 거꾸로 된 빅뱅의 주요 단계는 다음과 같다. 은하의 해체, 별의 증발, 원자의 파열, 핵의 붕괴, 주변의 모든 것을 빨아들이는 블랙홀 형성, 블랙홀이 융합되어 마치 복주머니 가방처럼 온 우주를 졸라매는 엄청난 규모의 유일한 블랙홀 형성. 결국 또 다른 우주의 잠재적 씨앗이 될 초고온 초고밀도의 특이점만 남을 것이다.

프랑스의 오렐리앙 바로(Aurélien Barrau)를 비롯한 일부 우주론자에 따르면 빅뱅이란 지금의 우주 팽창 단계와 앞서 일어났던 수축 단계 사이의 병목현상일 뿐이다. 이 전이 단계를 지칭할 때 빅뱅(Big Bang)보다는 빅바운스(Big Bounce)라 하는 것이 나을 것이다. 이와 같은 이론적 사색은 아주 옛날부터 있어 온 순환 우주 개념에 힘을 실어준다. 1930년대에 알베르트 아인슈타인이나 미국의 리처드 톨먼(Richard Tolman) 같은 유명 물리학자들은 팽창 중인 우주 모형에 대한 영원한 대체물로 순환 모형의 가능성을 이미 염두에 둔 바 있다. 끝없는 회귀라는 철학 개념이 인도에서 마야에 이르는 수많은 문화에 스며들어 있음에도 주목할 필요가 있다. 서구 세계를 지배한 기독교 문화는 이 개념을 낡은 것으로 치부하는 데 일조했다. 그러나 독일의 위대한 철학자 프리드리히 니체(Friedrich Nietzsche)는 이 개념을 되찾는다.

참조항목

17쪽 빅뱅 | 팽창의 시작
80쪽 우주 팽창이 가속되다 | 48억 년 전
244쪽 슈바르츠실트 반지름 | 1916년
309쪽 대파열이 이뤄질까? | 200억 년 후

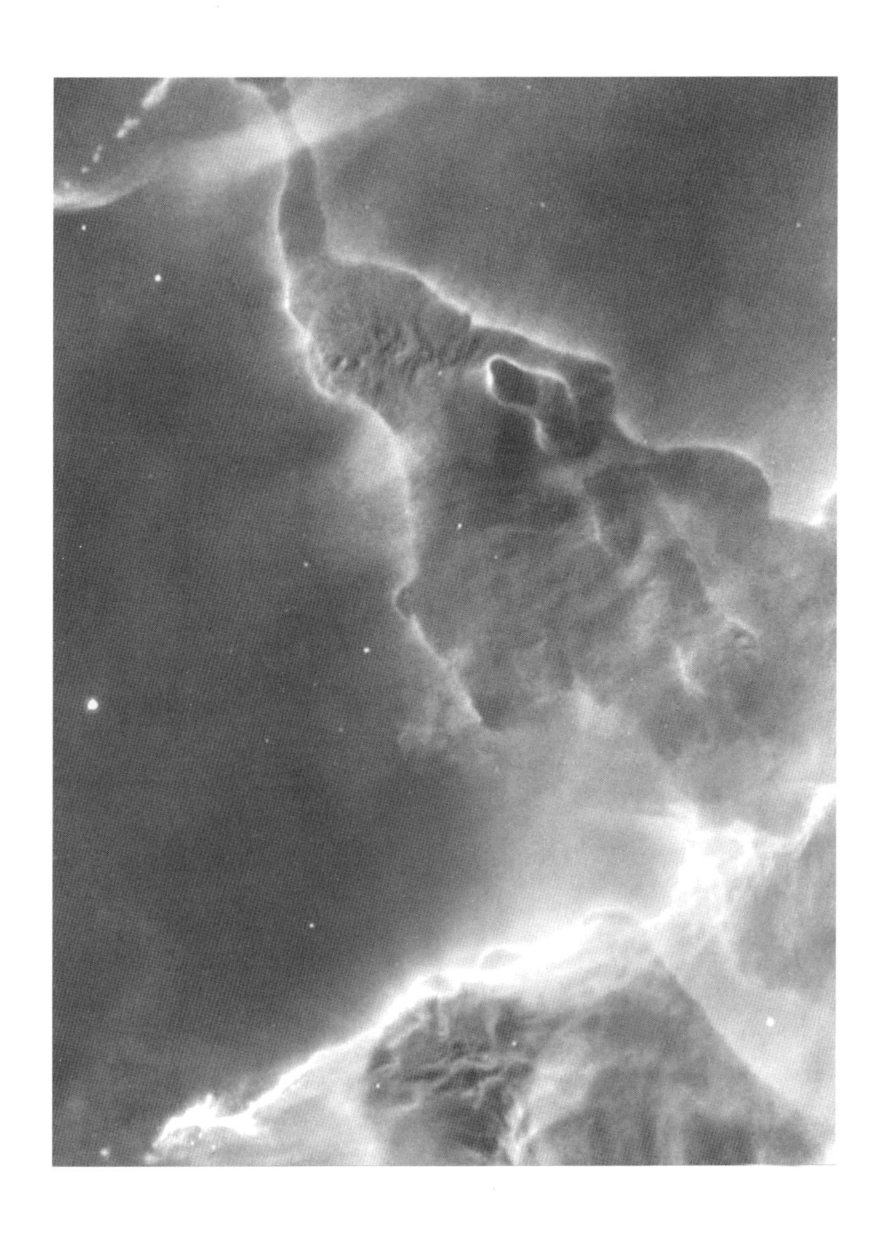

허블 우주망원경으로 촬영된 용골자리(Carina) 성운의 모습. 강렬한 빛이 성운을 침식하고 있다. 이것은 우주의 구조들을 해체하는 대함몰의 결과를 연상시킨다.

국부은하군의 융합

3천억 년 후

우리은하와 안드로메다 대성운의 융합으로 탄생한 타원은하 밀코메다는 국부은하군의 나머지 은하들을 삼킨 후 거대 타원은하가 된다.

•

우주론자들은 대부분 우주의 끝을 말할 때 대파열(Big Rip), 대함몰(Big Crunch)에 이르는 신속하고 격렬한 종말보다 상당히 덜 파란만장한 미래를 예언한다. 물론 암흑에너지가 여전히 우주의 주요 구성요소이고 암흑에너지의 정확한 성질은 여전히 가설적 수준에 있지만 많은 물리학자는 암흑에너지를 우주상수에 가까운 것이라 여긴다. 우주상수는 알베르트 아인슈타인(Albert Einstein)이 규정한 것이나 몇 년 후 그는 입장을 바꾼다. 암흑에너지를 가장 쉽게 해석하자면 이렇다. 암흑에너지의 밀도는 우주 어디에서나 균일하고 지속적이며 시간이 흘러도 불변이고 게다가 오늘날의 우주 관측과도 가장 잘 맞는다. 암흑에너지는 우주의 조직을 점점 더 빨리 확장시키는 일에 만족하므로 특히 국부은하군의 여러 은하단을 비롯해 중력을 통해 연결된 거대 구조의 움직임에 지나치게 개입하지 않는다.

우리은하와 이웃인 안드로메다 대성운 즉 M31 간의 상호침투 과정이 시작되면 국부은하군의 수많은 작은 은하들은 두 거대 나선은하의 중력권 아래 놓인다. 우리은하는 2개의 마젤란성운 이외에 왜소 타원은하 10개를 지배한다. 우리은하는 기조력을 통해 가장 가까운 은하

중 하나인 궁수자리(Sagittarius) 왜소 은하를 이미 반쯤 끊어놓았다. M31의 하부 은하 중에는 10여 개의 왜소 은하가 있고 그중 M32처럼 지름이 큰 2개의 타원은하는 이미 M31에 자신이 가진 별의 일부를 넘겨주었다. M31은 또한 삼각형자리 나선은하(Triangulum galaxy, 일명 M33)도 지배하는데 이 은하는 국부은하군에서 세 번째로 큰 은하이며 물고기자리(Pisces) 왜소 은하를 위성으로 거느린다. 국부은하군의 알려진 다른 몇 개의 하부 은하들은 이 2개의 큰 시스템과는 별개이다.

그리하여 여러 조건이 무르익으면 우리은하와 안드로메다 대성운이 융합되고 이것은 초장기적으로(3천억 년) 국부은하군 전체의 통합으로 이어져 마침내 거대 타원은하(Milkomeda)가 탄생한다. 이러한 과정은 현재 유행 중인 차가운 암흑물질 모형의 연장선상에 포함되는데 이 모형에서 거대 구조의 형성은 더 작은 개체들의 연이은 융합을 통해 설명된다. 그런데 국부은하군 안에서도 밀도가 아주 낮은 이 지역에서 거대 타원은하가 탄생하는 속도는 고밀도 은하단에서보다 훨씬 느리다. 21세기 천문학자들은 고밀도 은하단에서 알려진 가장 큰 은하들을 발견한 바 있다.

참조항목

77쪽 국부은하군에서의 충돌 | 52억 년 전
80쪽 우주 팽창이 가속되다 | 48억 년 전
118쪽 안드로메다로 뛰어든 메시에 32 | 8억 년 전
301쪽 우리은하가 안드로메다와 충돌 | 40억 년 후
309쪽 대파열이 이뤄질까? | 200억 년 후
311쪽 대함몰이 이뤄질까? | 1천억 년 후

거대 타원은하 M87의 모습. 미국 애리조나주 키트 피크(Kitt Peak) 천문대에 설치된 케이스 웨스턴 리저브(Case Western Reserve)대학교의 부렐 슈미트(Burrell Schmidt) 망원경으로 촬영되었다. 국부 은하에서 가장 무거운 은하 중 하나인 이것은 처녀자리은하단 내부에서 5천 3백만 광년 떨어진 곳에 있으며 작은 은하 몇 개가 융합하여 만들어졌다. 최근 연구에 따르면 M87은 최근 10억 년 동안 상당한 크기의 나선은하 하나를 확실히 흡수했다고 한다.

최후의 별들

1조 년 후

라니아케아에서 보면 우주 팽창은 가속되고 다른 초은하단은 모두 우주 지평선 너머로 지나간다. 국부은하군의 하늘에는 적색왜성들의 희미한 헤일로(halo)만 남는다.

●

암흑에너지는 꽤 분별력 있는 존재여서 우주가 대파열(Big Rip)이나 대함몰(Big Crunch)의 참극으로 끌려가지 않도록 모든 것을 시간의 흐름에 맡긴다. 그 덕분에 대자연의 힘은 우주를 음울한 미래 정도로 이끈다. 이 미래에서 우주는 점차 차가워져 대동결(Big Freeze)이라는 운명을 맞이한다. 그렇다 해도 우주 팽창을 가속하고 우주의 조직을 확장시키는 암흑에너지의 본성은 변치 않을 것이다. 그런데 암흑에너지는 중력으로 단단히 결속된 개체 안에서는 작용하지 못한다. 심지어 우주의 가장 큰 구조인 초은하단 안에서도 작동하지 않는다. 그러나 팽창은 가속되고 모든 초은하단은 서로 점점 더 멀어져간다. 라니아케아(Laniakea) 같은 주어진 초은하단에서 볼 때 다른 초은하단들은 모두 점점 더 빨리 멀어져간다.

국부은하군이 융합하여 거대 타원은하가 만들어질 때 국부은하군은 라니아케아의 가장자리에 있다. 국부은하군의 하늘은 점점 더 텅 비어 가는데 그것은 암흑에너지의 철저한 지배하에 우주 팽창이 점점 더 가속되기 때문이다. 마침내 다른 초은하단이 내는 빛이 국부 초은하단에 도달하려면 우주의 나이보다 오랜 시간이 걸리는 때가 온다.

다시 말해 모든 초은하단이 우주 지평선 너머로 차례차례 지나가 버리는 것이다. 1조 년 만에 라니아케아의 하늘은 완전히 텅 비어버린다. 그런데 이 기간은 너무 길어서 국부 초은하단의 모든 은하는 오래전에 이미 융합되었다. 그리하여 이들이 이룬 가늠할 수 없이 큰 은하는 이제 수백만 광년에 걸쳐 뻗어 있다. 이때 국부은하군의 하늘은 유일한 섬우주의 모든 별이 내는 뽀얀 빛으로 덮인다.

성간운이 부족하므로 별의 탄생은 멈춘다. 옛날에 매질은 아주 무거운 별들이 방출한 물질을 모아 행성상 성운을 이루고 더 나아가 초신성 단계로까지 진화할 수 있었다. 그러나 1조 년 후에는 그런 물질이 고갈된다. 수명이 아주 긴 적색왜성들만 여전히 빛난다. 표면온도가 4,000 K보다 낮은 이 별들은 붉은빛을 낸다. 이 별들은 질량이 작아서 (태양질량의 절반 이하) 중심부 온도가 아주 낮고 그로 인해 핵융합 주기는 느려진다. 이 주기에서 방출된 에너지는 냄비에 물을 넣고 끓일 때처럼 대류를 통해 다시 표면에 합쳐진다. 이 과정을 통해 별 전체가 뒤섞이고 핵 안에서 작동 중인 핵융합 주기를 통해 사용 가능한 수소가 전부 이용된다. 그러므로 이 별의 수명은 10조 년을 초과할 수 있다.

참조항목

74쪽 우리의 초은하단, 라니아케아 | 68억 년 전
80쪽 우주 팽창이 가속되다 | 48억 년 전
309쪽 대파열이 이뤄질까? | 200억 년 후
311쪽 대함몰이 이뤄질까? | 1천억 년 후

대동결에 빠지는 우주

10^{100}년 후

우주의 모든 별이 사라졌다. 블랙홀은 증발했다. 쇠락하는 에너지의 입자만 돌아다니는 우주의 온도는 절대영도에 가까워진다.

•

가장 가벼운 것을 포함한 모든 적색왜성이 아주 긴 진화의 끝에 도달한 후로 우주는 가장 어둡다. 이 별들은 별의 잔해일 뿐이며 냉각되어 이제 빛을 내지 못하는 지경에 이른다. '흑색왜성'이라고 하는 이 상태는 다른 별 대부분의 운명이다. 가장 무거운 별만이 예외인데 이 별들은 신속한 진화 끝에 고밀도 천체(중성자별 또는 블랙홀)가 된다. 오래된 은하 중심의 초거대질량블랙홀도 살아남는다. 하지만 잠재적 강착 과정을 유지해줄 가스가 부족하므로 이제 붕괴한 모든 별들은 최소한의 복사도 방출할 수 없다. 거의 일어나지 않는 별 잔해의 융합에 의지해야만 강렬하고 일시적인 빛으로 가끔 우주를 비출 수 있다.

남아있는 이 많은 천체는 질량이 적은 다른 천체들처럼 핵자(양성자와 중성자)로 이루어져 있다. 그렇다면 양성자의 수명이 궁금해진다. 양싱자는 쿼크 3개가 약력에 의해 서로 붙어 만들어진 입자이다. 양성자는 무엇보다도 안정적이라 여겨지나 이론의 예측에 따르면 잘 붕괴할 수 있다고 한다. 양성자 하나가 분해되면 양전자(positron) 하나와 파이 중간자(pion) 하나가 되고 이것들은 곧 붕괴해 2개의 감마 광자를 만든다. 양성자의 수명을 계산하기 위해 실험한 결과 양성자의 수명은

10^{34}(숫자 1 뒤에 0이 34개 붙는 수)년 보다 길다고 한다. 양성자의 수명이 정말 이론이 예측한 바(10^{36}년)와 같다면 결국 우주에는 다양한 질량의 블랙홀과 양성자의 붕괴를 통해 생성된 입자들만 남는다.

그런데 블랙홀조차도 영원하지 않다. 블랙홀은 영국의 물리학자 스티븐 호킹(Stephen Hawking)이 설명한 호킹 복사를 방출하면서 질량이 서서히 감소해 결국 최후의 감마 광자 폭발과 함께 완전히 증발한다. 질량이 무거울수록 증발 속도는 느리다. 별질량블랙홀은 10^{65}년 만에 증발하고 초거대질량블랙홀은 10^{100}년 만에 증발하는 것으로 추정된다. 그리하여 핵자로 이뤄진 천체와 블랙홀이 모두 청산된 우주는 이제 점점 에너지를 잃어가는 광자들이 떠도는 텅 빈 공간일 뿐이다. 온도가 절대영도에 가까워진 우주는 대동결(Big Freeze)이라 부르는 상태에 점점 가까워진다. 화살 같은 시간이 무엇인지 알려줄 만한 사건이 없으므로 시간 자체가 의미를 잃을 것이다.

참조항목

244쪽 슈바르츠실트 반지름 | 1916년

참고문헌

이 책에 소중한 정보를 제공한 글과 인터넷 사이트이다.

교양과학도서

Audouze, J. (sous la direction de), *Le ciel à découvert*, CNRS Éditions, 2010.

Barrau, A., *Des Univers multiples*, Dunod, 2017.

Barsuglia, M., *Les Vagues de l'espace-temps*, Dunod, 2019.

Bertone, G., *Le Mystère de la matière noire*, Dunod, 2014.

Binétruy, P., *À la poursuite des ondes gravitationnelles*, Dunod, 2016.

Blay, M., *La Naissance de la science classique au xviie siècle*, Nathan, 1999.

Boqueho, V., *La Vie ailleurs?*, Dunod, 2011.

Conner, C.D., *Histoire populaire des sciences*, L'Echappée, 2014.

Danielou, A., *Mythes et dieux de l'Inde*, Flammarion, 2009.

Eliade, M., *Cosmologie et Alchimie babyloniennes*, Gallimard, 1991.

Fontaine, J., et Arkan, S., *L'Image du monde*, Vuibert, 2010.

Frankel, C., *L'Aventure Apollo*, Dunod, 2018.

Hawking, S., *L'Univers dans une coquille de noix*, Odile Jacob, 2009.

Hoffmann, B., *La Relativité*, Pour la Science, 1999.

Koestler, A., *Les Somnambules*, Les Belles Lettres, 2010.

Koyré, A., *Du Monde clos à l'Univers infini*, PUF, 1988.

Kouchner, A., Lavignac, S., *À la recherche des neutrinos*, Dunod, 2018.

Leclant, J. (sous la direction de), *Dictionnaire de l'Antiquité*, Oxford University Press, 2011.

Mazure, A., Basa, S., *L'Univers dans tous ses éclats*, Dunod, 2007.

Luminet, J.-P., Lachièze-Rey, M., *De l'infini*, Dunod, 2019.
Nazé, Y., *L'Astronomie des anciens*, Belin, 2009.
Perdijon, J., *La Formation des idées en physique*, Dunod, 2006.
Proust, D., *L'Harmonie des sphères*, Seuil, 2001.
Silk, J., *L'Univers et l'infi ni*, Odile Jacob, 2005.
Shorto, R., *Le Squelette de Descartes*, Télémaque, 2011.
Soustelle, J., *Les Quatre soleils*, Plon, 2009.
Thomson, J., Eric, S., *Grandeur et décadence de la civilisation maya*, Payot/Rivages, 2003.
Vedrenne, G., Atteia, J.-L., *Gamma-ray Burst*, Springer-Praxis, 2009.

저자들의 책

Arnaud, N., Descotes-Genon, S., Kerhoas-Cavata, S., Paul, J., Robert, J.-L., Royole-Degieux, P. (sous la direction de), *Passeport pour les deux infinis*, Dunod, 2010, 2013, 2016.
Cassé, M., Paul, J., SPIN : *Roman noir de la matière*, Odile Jacob, 2006.
Paul, J., Laurent, P., *Astronomie gamma spatiale*, Gordon and Breach Science Publishers, 1998.
Paul, J., *L'Homme qui courait après son étoile*, Odile Jacob, 1998.
Paul, J., *Explosions cosmiques*, Ellipse, 2007.
Paul, J., Robert-Esil, J.-L., *Le roman des rayons cosmiques*, Ellipse, 2009.
Robert-Esil, J.-L., Paul, J., *Oh, l'Univers*, Éditions Dunod, 2009.
Paul, J., Robert Esil, J.-L., *Le Beau livre de l'Univers*, Dunod, 2011, 2013, 2016.
Robert Esil, J.-L., Paul, J., *Le petit livre de l'Univers*, Dunod, 2014.

논문(웹사이트 포함)

Abbott, B.P. et collaborateurs, « Observation of Gravitational Waves from a Binary Black Hole Merger» (Observation d'ondes gravitationnelles d'une fusion de trous noirs), *Physical Review Letters* 116:241102, 2016.
Consultable sur : https://arxiv.org/abs/1602.03837.

Abbott, B.P. et collaborateurs, « Properties of the Binary Black Hole Merger GW150914» (Propriétés de la fusion de trous noirs en système binaire GW150914), *Physical Review Letters* 116:2016., 241102

Consultable sur : https://arxiv.org/abs/1602.03840.

Adams, F.C., Laughlin, G., « A dying universe : the long-term fate and evolution of astrophysical objects» (Un univers qui meurt : le destin à long terme et l'évolution des objets astrophysiques), *Review of Modern Physics* 69:337, 1997.

Consultable sur : http://arxiv.org/abs/astro-ph/9701131.

Agnor, C.B., Hamilton, D.P., « Neptune's capture of its moon Triton in a binary-planet gravitational encounter» (La capture par Neptune de sa lune Triton lors d'une confrontation gravitationnelle avec un système planétaire double), *Nature* 441:192, 2006.

Alpher, R.A., Bethe, H., Gamow, G., « The origin of chemical elements» (l'origine des éléments chimiques) Physical Review 73:803, 1948.

Consultable sur : https://journals.aps.org/pr/pdf/10.1103/PhysRev. 73.803.

Block, D.L. et collaborateurs, « An almost head-on collision as the origin of two off-centre rings in the Andromeda galaxy» (Une collision quasi-frontale *à* l'origine des deux anneaux excentrés de la galaxie d'Andromède), *Nature* 443:832, 2006.

Consultable sur : https://arxiv.org/abs/astro-ph/0610543.

Dierickx, M., Blecha, L., Loeb, A., « Signatures of the M31-M32 galatic collision» (Signature de la collision galactique entre M31-M32), *The Astrophysical Journal Letters* 788:L38, 2014.

Consultable sur : https://arxiv.org/abs/1405.3990.

Bottke, W., Vokrouhlicky, D. et Nesvorny, D., « An Asteroid Breakup 160 My Ago as the Probable Source of the K-T Impactor» (Désagrégation d'un astéroide il y a 160 millions d'années, source probable de l'impacteur du Crétacé-Tertiaire), *Nature* 449:48, 2007.

Braun-Munzinger, P., Stachel, J., « The quest for the quark-gluon plasma» (La quête du plasma de quarks et de gluon), *Nature* 448:302, 2007.

Brent Tully, R. et collaborateurs, « The Laniakea supercluster of galaxies» (Le superamas de galaxies Laniakea), *Nature* 513:71, 2014.

Consultable sur : https://arxiv.org/ftp/arxiv/papers/1409/1409.0880.pdf.

Caldwell, R.R., Kamionkowski, M., Weinberg, N.N., « Phantom Energy and Cosmic Doomsday» (Énergie fantôme et jour du jugement dernier), Physical Review Letters 91:071301-1, 2003.
Consultable sur : http://arxiv.org/abs/astro-ph/0302506.

Canup, R.M., « Origin of Saturn's rings and inner moons by mass removal from a lost Titan-sized satellite» (Origine des anneaux de Saturne et de ses lunes intérieures par enlèvement de masse d'un satellite disparu de la taille de Titan), *Nature* 468:943, 2010.

Capak, P.L. et collaborateurs, « A massive proto-cluster of galaxies at a redshift of z ≈5.3» (Un massif proto-amas de galaxies à un décalage vers le rouge z ≈5,3), *Nature* 470:233, 2011.

Chalmers, M., « Out of the darkness» (Hors des ténèbres), *Nature* 490:S2, 2012.

Chand, H. et collaborateurs, « Probing the cosmological variation of the fine-structure constant: Results based on VLT-UVES sample» (test de la variation de la constante de structure fine : Résultats basés sur les échantillons VLT-UVES), *Astronomy & Astrophysics* 417:853, 2004.
Consultable sur : https://arxiv.org/abs/astro-ph/0401094.

Collaboration Planck, « Planck 2018 results. I. Overview and the cosmological legacy of Planck» (Résultats 2018 de Planck. I. Vue d'ensemble et héritage cosmologique de Planck). Soumis à A&A.
Consultable sur : https://arxiv.org/abs/1807.06205.

Damour, T., Dyson, F., « The Oklo bound on the time variation of the fine-structure constant revisited» (La limite revisitée d'Oklo sur la variation dans le temps de la constant de structure fine), *Nuclear Physics* B 480:37, 1996.
Consultable sur : http://arxiv.org/abs/hep-ph/9606486.

Donnadieu, Y. et collaborateurs, « A "snowball Earth" climate triggered by continental break-up through changes in runoff» (Un climat « Terre boule de neige» déclenché par un changement dans les eaux de ruissellement suite à une rupture continentale), *Nature* 428:303, 2004.

Edwards, B.C., « The Space Elevator» (L'ascenseur spatial), rapport du NASA *Institute for Advanced Concept* (Institut NASA d'études avancées), 2003.

Consultable sur : http://www.niac.usra.edu/files/studies/final_report/521 Edwards. pdf.

Ellis, G.F.R., Kirchner, U., Stoeger, W. R., « Multiverses and physical cosmology» (Multivers et cosmologie physique), *Monthly Notices of the Royal Astronomical Society* 347:921, 2004.
Consultable sur : https://arxiv.org/abs/astro-ph/0305292.

Gomes, R. et collaborateurs, « Origin of the cataclysmic Late Heavy Bombardment period of the terrestrial planets» (Origine de la période cataclysmique de grand bombardement tardif des planètes telluriques), *Nature* 435:466, 2005.

Helgason, J., « Formation of Olympus Mons an the aureole-escarpment problem on Mars» (Formation d'Olympus Mons et le problème de l'escarpement-auréole sur Mars) *Geology* 27:231, 1999.

Hubble, E., « A Relation between Distance and Radial Velocity among Extra-Galactic Nebulae» (Une relation entre la distance et la vitesse radiale parmi des nébuleuses extra galactiques), *Proceedings of the National Academy of Sciences of the United States of America* (Comptes rendus de l'académie nationale des sciences des États-Unis d'Amérique), 15:168, 1929.

Jarosik, N. et collaborateurs, « Seven-year Wilkinson Microwave Anisotropy Probe (WMAP) Observations : Sky Maps, Systematic Errors, and Basic Results» (Sept ans d'observation avec la sonde Wilkinson de l'anisotropie micro-onde (WMAP) : cartes du ciel, erreurs systématiques et principaux résultats), *The Astrophysical Journal Supplement Series* 192:14, 2011.
Consultable sur : http://arxiv.org/abs/1001.4744.

Keller, S.C. et collaborateurs, « Single low-energy, iron-poor supernova as the source of metals in the star SMSS J031300.36-670839.3» (Une unique supernova de faible énergie pauvre en fer comme source des métaux dans l'étoile SMSS J031300.36-670839.3), *Nature* 506:463, 2014.
Consultable sur : https://arxiv.org/abs/1402.1517.

Levison, H.F., Morbidelli, A., « The formation of the Kuiper belt by the outward transport of bodies during Neptune's migration» (La formation de la ceinture de Kuiper par transport vers l'extérieur de corps durant la migration de Neptune), *Nature* 426:419, 2003.

Madau, P., Dickinson, M., « Cosmic Star-Formation History» (Histoire de la formation stellaire cosmique), *ARA&A* 52:415, 2014.
Consultable sur https://arxiv.org/abs/1403.0007.

Melosh, H.J., Collins, G.S., « Meteor Crater formed by low-velocity impact» (la formation du Meteor Crater par un impact à faible vitesse), *Nature* 434:157, 2005.

Morbidelli, A., « Origin and Dynamical Evolution of Comets and their Reservoirs» (Origine et evolution dynamique des comètes et de leur reservoir), *Lectures on comets dynamics and outer solar system formation* (cours sur la dynamique des comètes et la formation du Système solaire externe).
Consultable sur : http://arxiv.org/abs/astro-ph/0512256.

Morris, M.S., Thorne, K.S., Yurtsever, U., « Wormholes, time machines, and the weak energy condition» (Trous de ver, machines temporelles et la condition faible sur l'énergie), *Phsics Review Letters* 61:1446, 1988.
Consultable sur : http://adsabs.harvard.edu/abs/1988PhRvL. 61.1446M.

Naudet, R., « Le phénomène d'Oklo» , Thème du colloque international de l'AIEA, 23-27 juin 1975.
Consultable sur https://www.iaea.org/sites/default/files/17105192224_fr.pdf.

Noterdaeme, P. et collaborateurs, « The evolution of the cosmic microwave background temperature. Measurements of T_{CMB} at high redshift from carbon monoxide excitation» (Évolution de la température du fond cosmologique micro-onde. Mesure de T_{CMB} à grand décalage vers le rouge à partir de l'excitation du monoxyde de carbone) *Astronomy & Astrophysics* 526:L7, 2011.
Consultable sur http://arxiv.org/abs/1012.3164.

Paul, J., « Sigma, le chasseur de trous noirs» , *Pour la Science*, dossier hors-série « Les trous noirs» , 112, 1997.

Paul, J., « Les trous noirs, enfants non désirés d'Einstein» , *La Recherche*, hors-série N°18 « L'héritage Einstein» , 44, 2005.

Quintana, E.V. et collaborateurs, « An Earth-Sized Planet in the Habitable Zone of a Cool Star» (Une planète de la taille de la Terre dans la zone habitable d'une étoile de basse température), *Sci*, 344, 227, 2014.

Consultable sur https://arxiv.org/abs/1404.5667.

Racusin, J.L. et collaborateurs, « Broadband observations of the nakedeye gamma-ray burst GRB080319B » (Observations à large bande du sursaut gamma visible à l'oeil nu GRB080319B), *Nat* 455:183, 2008.
Consultable sur : http://arxiv.org/abs/0805.1557.

Riess, A.G. et collaborateurs, « Type Ia Supernova Discoveries at z > 1 from the Hubble Space Telescope : Evidence for Past Deceleration and Constraints on Dark Energy Evolution» (Découvertes avec le télescope spatial Hubble de supernovas de type Ia à z > 1 : preuve d'une décélération passée et contraintes sur l'évolution de l'énergie sombre), *The Astrophysical Journal* 607:665, 2004.
Consultable sur : http://arxiv.org/abs/astro-ph/0402512.

Springel, V. et collaborateurs, « Simulations of the formation, evolution and clustering of galaxies and quasars» (Simulations de la formation, de l'évolution et du regroupement des galaxies et des quasars), *Nature* 435:629, 2005.
Consultable sur : http://arxiv.org/abs/astro-ph/0504097.

Srianand, R. et collaborateurs, « Limits on the Time Variation of the Electromagnetic Fine-Structure Constant in the Low Energy Limit from Absorption Lines in the Spectra of Distant Quasars» (Limites sur la variation dans le temps de la constante de structure fine électromagnétique dans la limite à basse énergie des raies d'absorption dans le spectre des quasars lointains), *Physical Review Letters* 92:121302-1, 2004.
Consultable sur : http://arxiv.org/abs/astro-ph/0402177.

Tegmark, M., « Parallel Universes» (Univers parallèle), dans *Science and Ultimate Reality: From Quantum to Cosmos*, colloque en l'honneur du 90ème anniversaire de John Wheeler, édité par J.D. Barrow, P.C.W. Davies, & C.L. Harper, Cambridge University Press (2003)
Consultable sur : https://space.mit.edu/home/tegmark/multiverse.pdf.

Tziamtzis, A. et collaborateurs, « The outer rings of SN 1987A» (Les anneaux extérieurs de SN 1987A), *A&A* 527:35, 2011.
Consultable sur http://arxiv.org/abs/1008.3387.

Wesson, P.S., « Olbers's paradox and the spectral intensity of the extragalactic background light» (Le paradoxe d'Olbers et l'intensité spectrale de la lumière de fond), *The Astrophysical Journal* 367:399, 1991.

Woudt, P.A. et collaborateurs, « The Expanding Bipolar Shell of the Helium Nova V445 Puppis» (La coquille en expansion bipolaire de la nova à helium V445 Puppis), *The Astrophysical Journal* 706:738, 2009.
Consultable sur : http://arxiv.org/abs/0910.1069.

Yang, Y., Hammer, F., « Could the Magellanic Clouds be Tidal Dwarfs Expelled from a Past-merger Event Occurring in Andromeda?» (Les nuages de Magellan peuvent-ils être des galaxies naines arrachées par effet de marée d'une collision survenant dans Andromède), *The Astrophysical Journal Letters* 725:L24, 2010.
Consultable sur : http://arxiv.org/abs/1010.2748.

사진출처

Couverture : © Mint Fox/Fotolia. **P. 12-13** : © ESO/S. Brunier. **P. 15** : © Biosphoto/Detlev van Ravenswaay/Science Source. **P. 20** : © ESO/S. Brunier. **P. 29** : © CERN. **P. 40** : © ESA and the Planck Collaboration/D. Ducros. **P. 42-43** : © Max-Planck-Gesellschaft zur Förderung der Wissenschaften eV, Munich. **P. 47** : © Max-Planck-Gesellschaft zur Förderung der Wissenschaften eV, Munich. **P. 58** : © NASA, ESA, H. Teplitz and M. Rafelski (IPAC/Caltech), A. Koekemoer (STScI), R. Windhorst (Arizona State University), & Z. Levay (STScI). **P. 61** : © Yuugi Kitahara/Nasa. **P. 70** : © ESA/Illustration by ESA/ECF. **P. 75** : © Benjamin Le Talour/Hélène Courtois. **P. 78** :© NASA, ESA, and the Hubble Heritage Team (STScI/AURA)-ESA/Hubble Collaboration. **P. 82-83** : © NASA/JPL-Caltech/W. Reach (SSC/Caltech). **P. 85** : © NASA/JPL-Caltech/W. Reach (SSC/Caltech). **P. 92** : © ESA 2010 MPS for OSIRIS Team MPS/UPD/LAM/IAA/RSSD/INTA/UPM/DASP/IDA. **P. 97** : © NASA/JPL-Caltech/SSI. **P. 102** : © NASA. **P. 107** : © NASA/MOLA Science Team/O. de Goursac, Adrian Lark. **P. 110** : NASA/Johns Hopkins University Applied Physics Laboratory/Southwest Research Institute. **P. 119** : © ESA/Herschel/PACS/SPIRE/J.Fritz, U. Gent. **P. 126** : © ESA & NASA. **P. 128-129** : © X-ray : NASA/CXC/CfA/R.Kraft *et al.* ; Submillimeter : MPIfR/ESO/APEX/A. Weiss *et al.* ; Optical : ESO/WF. **P. 133** : © NASA & ESA. **P. 138** : © Biosphoto/John Sanford/Science Source. **P. 145** : © X-ray : NASA/CXC/CfA/R.Kraft *et al.* ; Submillimeter : MPIfR/ESO/APEX/A. Weiss etal. ; Optical : ESO/WF. **P. 148** : © ESA/Rosetta/NavCam. **P. 153** : © NASA/CXC/M.Weiss. **P. 156** : © Prof. Matthew Bennett/Bournemouth University/SPL-Science Photo Library/Biosphoto. **P. 161** : © Kamioka Observatory, ICRR (Institute for Cosmic Ray Research), The University of Tokyo. **P. 172** : © 2MASS/J. Carpenter, T. H. Jarrett, & R. Hurt. **P. 183** : © ESO. **P. 186** : © NASA/CXC/SAO/F. Seward *et al.* **P. 188-189** : © NASA/WMAP Science Team. **P. 191** : © Gozitano/CC BY-SA 4.0. **P. 214** : © Photo Scala, Florence/Heritage Images. **P. 217** : © Jacques Paul. **P. 235** : © NASA/JPL-Caltech. **P. 246** : © NSSDC, NASA. **P. 249** : © NASA/WMAP Science Team. **P. 252** : © NASA. **P. 259** : © SXS, the Simulating eXtreme Spacetimes (SXS) Project. **P. 262** : © ESA. **P. 264-265** : © NASA, ESA, N. Smith (University of California, Berkeley), and The Hubble Heritage Team (STScI/AURA). **P. 267** : © SpaceX. **P. 270** : © China National Space Administration. **P.275** : © ESA–D. Ducros, 2010. **P. 282** : © NASA Marshall Space Flight Center (NASA-MSFC). **P. 287** : © NASA. **P. 298** : © NASA and The Hubble Heritage Team (STScI). **P. 303** : © NASA, ESA, and K. Noll (STScI). **P. 308** : © NASA, ESA, N. Smith (University of California, Berkeley), and The Hubble Heritage Team (STScI/AURA). **P. 311** : © Chris Mihos (Case Western Reserve University)/ESO.

찾아보기

ㅈ

ㅊ

기타

한 권에 담은 경이로운 우주의 역사
빅뱅부터 대동결까지

초판 인쇄 | 2022년 2월 5일
초판 발행 | 2022년 2월 10일

지은이 | 자크 폴, 장뤽 로베르 에질
옮긴이 | 김희라
감 수 | 김용기
펴낸이 | 조승식
펴낸곳 | 도서출판 북스힐
등록 | 1998년 7월 28일 제 22-457호
주소 | 01043 서울시 강북구 한천로 153길 17

전화 | 02-994-0071
팩스 | 02-994-0073
홈페이지 | www.bookshill.com
이메일 | bookshill@bookshill.com

값 16,000원
ISBN 979-11-5971-394-1

* 잘못된 책은 구입하신 서점에서 바꿔드립니다.